AIRE
06
AF297073

PRINCIPES

DE
COSMOGRAPHIE.

TIREZ D'VN MANVSCRIT
de Viette, & traduits en
François.

Corrigées & augmentées.

A ROVEN,
Chez IEAN BEHOVRT, dans la
Coutt du Palais.

M. DC. XLVII.

PREFACE

SVR LES ELE-
mens de Geographie.

 ETTE sorte de Science appar-tient au Sage; aprés s'estre con-neu soy-mesme, il est en quelque façon necessaire qu'il connoisse encore les lieux de son habita-tion. Les hommes changent d'air selon qu'il plaist aux capri-ces de la Fortune, ou qu'il sont conduits par les mouuemens

de leurs paſſions. Soit que nous
ſoyons alterez d'vn noble deſir
de voir les choſes nouuelles, ſoit
que nous ſoyons preſſez de l'a-
uare faim des richeſſes, nous
allons viſiter tous les Climats
qui ſont eſclairez du Soleil, les
ardantes chaleurs du Midy, ny
les exceſſiues froidures du
Nord, ne peuuent arreſter noſtre courſe, & dans ces differentes agitations nous appellons
ſouuent les trauaux, delices. Or
comme c'eſt vne maniere de
qualité ſtupide & terreſtre de ne
ſçauoir pas diſcourir de ce que
l'on fait, c'eſt vn auantage qui
montre que noſtre ame a ie ne
ſçay quoy de brillant & de celeſte, lors que nous ſçauons

parler sans confusion & sans
desordre, des choses que nous
auons veuës. La Theologie nous
apprend que nostre Patrie est le
Ciel, auquel nous deuons ten-
dre par le chemin de la Vertu:
& la Geographie nous ensei-
gne quels sont les lieux où nous
pouuons passer durant l'exil que
nous gardons sur la terre. Beaucoup de gens doctes se sont mé-
lez de cultiuer cét Art auec plus
ou moins de fruit, selon la difference de leurs metodes, & du
soin qu'ils en ont pris; & i'ay
tiré pour ton vtilité ce petit Re-
cueil de leurs preceptes. S'il faut
que tu aye voyagé tu trouueras
icy dequoy rafraischir ta me-
moire, & dequoy faire de se-

conds voyages , qui te couste-
rent moins d'argent & de peine
que les premiers ; & quand ton
humeur ou tes affaires ne t'au-
roient pas permis de voir d'autres pais que ton lieu natal, si
tu veux apprendre les noms de
beaucoup de peuples , de beaucoup de Mers , Fleuues , Montagnes , Isles , Promontoires,
Royaumes, Prouinces & Citez,
tu n'as rien qu'à prendre la peine de lire.

EXTRAIT

ADVERTISSEMENT
DE L'IMPRIMEVR,
à qui lit.

IE t'aduertis que ce petit Traitté de Geographie est tra-
duit du Latin de Viette par vn des meilleurs esprits
de ce siecle, qui a pris plaisir à met-
tre icy en ordre les leçons qui en ont
esté faites à vne belle Damoiselle,
auec quantité d'autres choses qu'il a
recherchées curieusement pour luy

plaire. Profite de la facilité de cette
methode, attendant vne plus lon-
gue suitte de ces Elemens.

DE LA SPHERE.

La doctrine de la Sphere est la connoissance du Monde.

Le monde est composé du Ciel & de la Terre, de la Region celeste & Elemétaire.

La Region celeste, ou Ciel, c'est ce qui remplit le vuide entre les Planettes & les Estoilles.

La matiere du Ciel est transparante ainsi que le cristal.

Cette matiere n'endure point de penetration ainsi que l'eau, l'air, le feu, & autres choses semblables ; on le prouue ainsi : Toutes choses sont pesantes, ou legeres; les pesantes descendent en bas, & les legeres montent en haut : donc les

Eftoilles doiuent monter en haut comme legeres, ou defcendre en bas comme pefantes : mais cela repugne à l'experience; d'autant que l'on voit les Eftoilles, ne monter ny defcendre il faut donc qu'il y ayt quelque chofe de folide & ferme, qui les oblige de demeurer en mefme, hauteur, ce qui ne peut eftre autre chofe que la matiere du Ciel.

Secondement, depuis le commencement du Monde, iufqu'à nous, les Eftoilles ont toufiours tourné à l'entour de la Terre en vingt quatre heures, fans changer leur forme, leur fituation, ny la diftance qu'elles ont entr'elles : il faut donc qu'il y ait quelque chofe de folide, qui les oblige de garder leur forme, leur diftance, & fituation qu'elles ont entr'elles. Il faut donc que la matiere du Ciel foit folide : on peut adioufter à cela que c'eft l'opinion de tous les bons Philofophes. On prouue qu'il y a plufieurs Cieux en cette forte, puifque la matiere du Ciel n'endure point de penetration: deux Planettes ayans differens mouuemens, ne peuuent eftre en mefme Ciel comme on voit en cette figure.

Mais le Soleil & la Lune ont differens
mouuemens, car tantost elle est proche
du Soleil, tantost esloignée du quart du
Ciel, tantost de la moitié, donc le Soleil
& la Lune ne peuuent estre en vn mesme
Ciel, & par consequent il faudroit sept
Cieux pour les planettes, à cause de leurs
differens mouuemens.

4 Car Saturne fait son cours en trente ans.

Iupiter les fait en douze ans.

Mars en deux ans.

Le Soleil en vn an.

Venus presque en vn an.

Mercure presque en vn an.

La Lune en vn mois.

Dauantage, le mouuement du Soleil n'est pas simple, d'autant qu'il meut d'Orient en Occident, & du Septentrion au Midy, comme l'on peut voir à son coucher, à son leuer, & à ses declinaisons.

Son mouuement d'Orient en Occident se fait en vingt-quatre heures, & celuy du Septentrion au Midy se fait en vn an.

Puis donc que le mouuement du Soleil n'est pas simple, il faut qu'il soit composé: s'il est composé, il faut qu'il le soit de deux vertus motrices, l'vne desquelles luy sera propre, & l'autre externe.

On dira de mesme de toutes Planettes, aussi le mouuement de vingt-quatre heures sera commun à tous: mais le mouuement d'vn mois sera propre à la Lune, & celuy d'vn an sera propre au Soleil, ainsi des autres pareillement. Il faudra constituer vn Ciel pour les Estoilles fixes, d'autant qu'elles n'ont point de mouuement

propre à pas vne des sept Planettes, & ou-
tre le mouuement qui se fait en cent ans &
vn degré contraire au premier mobile. : &
partant tout les huit Cieux cy-dessus dits
ont chacun leur mouuement propre, ou-
tre celuy de vingt-quatre heures : il faut
que ce mouuement de vingt-quatre heures appartienne à vn autre Ciel, qui soit
sur les autres, & ce Ciel est appellé premier mobile.

Quant au Firmament, c'est celuy dans
lequel sont attachées les Estoilles fixes,
les anciens Astronomes en ont remarqué
1022. lesquelles ils ont distribuées en 48.
constellations : ce n'est pas qu'il n'y en aye
dauantage, car les Estoilles du Firmament
sont infinis : mais ils ont remarqué les
principales seulemẽt, & celles qui estoient
propres à leur obseruation. Quant à l'ordre des Cieux, où l'on proaue aussi les
Planettes qui en éclipsent : D'autres sont
plus proches de nous, mais la Lune eclipse
le Soleil, & n'est eclipsée d'aucune Planette : il faut donc que la Lune soit la
plus proche de nous de toutes les Planettes. On le proaue ainsi.

Celles qui sont plus proches de nous
font plus grand paralaxe, & celles qui
font plus loin le font plus petit : Mais la

Lune fait plus grand paralaxe que Venus,
Venus que Mercure, Mercure que le Soleil, le Soleil que Mars, & ainſi des autres : Il faudra donc que tel ſoit l'ordre des
Cieux.

On prouue que les Cieux tournent tout
à l'entour de la terre en cette ſorte ; On
voit le Soleil ſe leuer en vn certain endroit
de la Terre, & coucher en vn autre, le
lendemain il ſe leue en vn autre ; ou c'eſt
le meſme, ou c'en eſt vn autre : ce n'en
peut eſtre vn autre, car il en faudroit tous
les iours de nouueaux ; c'eſt donc le meſme : il faut donc qu'il paſſe au dedans de
la terre, ou par deſſus ; il ne peut dedans,
car il eſt plus grand : il faut donc qu'il
paſſe par deſſus ; il tourne donc à l'entour
de la terre : donc ſon Ciel ; le meſme doit
eſtre entendū des autres, partant tous les
Cieux tournent à l'entour de la Terre.

Il eſt donc euident qu'il faut qu'ils ſoient
ronds, à cauſe de la diuerſité des mouuemens qu'ils ont entr'eux. Voila pour la Region celeſte.

Tout le monde eſt diuiſé en la Region
Celeſte, & en l'Elementaire : La celeſte
comprend neuf Cieux, comme nous auons
dit : La Region Elementaire n'eſt rien que
la concauité du Ciel de la Lune, laquelle

est remplie des quatre Elemens, Feu, Air, Eau, Terre, desquels il y en a deux legers le Feu & l'Air, & deux pesans, l'Eau & la Terre.

Quelques-vns nient qu'il y aye du feu entre le Ciel de la Lune & la Terre, autrement il faudroit qu'il fust sans lumiere, sans chaleur & de mesme rareté que l'air, ce qui repugne à l'experience.

Quant à la Terre & à l'Eau qui sont les deux Elemens pesans, on prouue que la Terre est plus pesante que l'eau. Danātage, l'actiō de pesanteur en la Terre est plus grande que l'action de pesanteur en l'eau, cōme on voit par experiéce il s'ensuit que la Terre comme la plus pesante est au centre du Monde. On prouue qu'il y a beaucoup plus de terre que d'eau, à cause que par tout où la mer est, la terre est au dessous; d'autant qu'il n'y a aucune mer qui ne soit toute semée d'Isles, qui tesmoignent la proximité de la terre: Car ou les Isles sont flotantes, ou attachées au continent de la terre: si elles estoient flotantes, elles changeroient leurs longitudes & latitudes, ce qui repugne à l'experience; dauantage, en demeurant, on auroit profondeur infinie, ce qui se voit au contraire, car on nauigera 40. ou 50.

lieuës auant que de trouuer 60. brasses
de profondeur. Par toutes ces raisons il
est euident que les Isles sont attachées au
continent. Or puis qu'il y a presque autant de terre descouuerte que de mer, &
que par tout où est la mer, la terre est au
dessous, il y a plus de terre que d'eau.

QVE LA TERRE EST
au centre du monde.

PAR les choses cy-dessus dites, il
est euident que l'eau remplit les
concauitez de la terre seulement;
si bien que l'eau & la terre ensemble, com-
posent vne masse : nous disons dauantage, que cette masse composée d'eau & de
terre est au centre du monde.

Mais il est à noter qu'il y a de deux sortes de centres, centre de grauité, & centre
de quantité.

Nous appellons centre de grauité, ou
centre de pesanteur, le milieu de la pesanteur de quelque corps & centre de gra-

tité de l'Vniuers, c'est le milieu de la pé-
santeur dudit Vniuers : nous appellons
centre de quantité, de quelque corps, le
milieu de la quantité dudit corps.

Et centre de quantité de l'Vniuers est le
milieu de l'Vniuers selon la quantité, c'est
à dire le centre du Ciel, que nous auons
prouué estre vn des deux.

Ces deux sortes de centres sont quelque fois differens, comme il seroit en vn
coin de plomb.

Nous auons monstré que la terre comme la plus pesante des Elemens, estoit au
centre de l'Vniuers : mais à cause que
quelqu'vn pourroit douter que ce centre
ne fust point le centre de quantité, mais de
grauité seulement, ainsi que nous auons
fait la preuue par la pesanteur de la terre,
c'est à dire que le centre de grauité de l'V-
niuers ne soit le mesme que le centre de
quantité : nous le prouuons ainsi, quelque part que nous soyons, nous voyons
la moitié du Ciel.

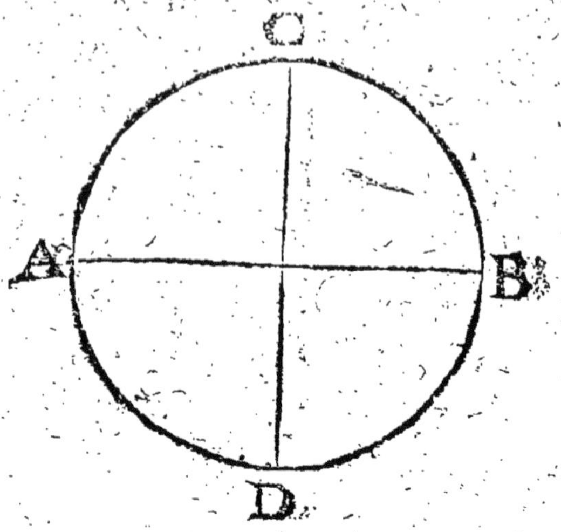

Soit donc la moitié du Ciel en A, para-
cheuant en B, ie suis donc ſur le diametre
A B, à cauſe qu'il n'y a que le diametre qui
paſſe par le centre, & coupe le cercle en
deux egalement: pareillement en vn autre
païs ie verray encore la moitié du Ciel, elle commence en D, & acheue en C : ie
feray dõc ſur le diametre D C, mais ie ſuis
auſſi ſur le diametre A B : il faut donc que
ie ſois en vn point commun à tous les deux
diametres : mais deux diametres n'ont
point d'autre point commun que le centre ; il eſt donc neceſſaire que ie ſo is au
centre, & par conſequent la terre ſur laquelle ie ſuis.

Pour prouuer que nous voyons la moitié du Ciel en quelque part que nous

ſoyons, pourueu qu'il n'y aye point d'em-
peſchement. On la prouue ainſi.

Lors que la Lune eſt pleine, il y a moitié du Ciel entr'elle & le Soleil, ce qu'on
dit en cette façon, d'autant plus la Lune
s'eſloigne du Soleil, tant plus ſa lumiere
augmente, partant lors qu'elle aura plus de
lumiere elle ſera plus eſloignée du Soleil.

On prouue que la terre eſt ronde par
trois raiſons : la premiere, que ſi la terre
eſtoit pleine il ſeroit auſſi toſt midy en vn
lieu qu'en vn autre, le Soleil ſeroit auſſi toſt
leué en vn païs qu'en vn autre, ce qui repugne à l'experience, d'autant que ceux qui
ſont à Rome ont midy vne heure pluſtoſt
que ceux qui ſont à Paris.

La ſeconde raiſon eſt que les ombres reſ-
ſemblent leurs corps, moyennant qu'elles ſoient perpendiculaires, mais l'ombre
de la terre paroiſt ronde en l'eclipſe de la
Lune, il faut donc que la terre ſoit ronde.

La troiſieſme raiſon eſt tirée des perpendiculaires, leſquelles ne couperoient la
terre en angles droits, ſi elle n'eſtoit ronde : Nous trouuons que l'eau eſt ronde,
d'autant qu'elle remplit la concauité de la
terre, & par ainſi ſi elle eſtoit d'autre figure
que ronde il faudroit que l'eau ne fuſt vn
corps liquide qui ſe coulaſt en lieux plus
bas.   A vj

La preuue que la terre n'a point de mouuement, d'autant que si elle en auoit il faudroit que ce fust de bas en haut, ou de haut
en bas, ou circulairement : elle ne peut
mouuoir de bas en haut, à cause que les
choses pesantes ne montent point: elle ne
peut mouuoir de haut en bas, à cause qu'elle est au centre du Monde; il faut donc que
ce soit circulairement, & ainsi il faudroit
qu'elle fist le tour en vingt-quatre heures,
& en vne minute elle feroit trois ou quatre
lieuës : de façon que iettant vne pierre en
l'air, si elle y demeuroit vne minute, elle
iroit tomber à deux ou trois lieuës de nous:
ce qui se voit au contraire.

On trouue le circuit de la terre en cette
sorte : le Ciel & la Terre sont comme vn
grand & petit cercle, tous deux sur mesme centre; que si le Ciel est diuisé en 360.
parties, & de chacune d'icelle on tire au
centre les lignes droictes, elles diuiseront
la terre en 360. parties égales : que si auec
quelque instrument on peut voir, lors que
l'on aura fait vn degré du Ciel, on aura
fait aussi vn degré de la terre, & cette partie estant multipliée par 360. on aura le
circuit de la terre.

DES CERCLES DE LA
Sphere.

 L y a dix cercles en la Sphere, six grands & quatre petits: les grands cercles de la Sphere sont ceux qui ont mesme centre que la Sphere, & la couppent en deux également; se couppant en deux également, les grands cercles sont l'Equinoctial, le Zodiaque, le Meridien, l'Horizon, & les deux Colures. les Petits cercles de la Sphere sont ceux qui la couppent en deux inegalement : ils sont quatres, les deux Tropiques de Cancer & de Capricorne, & les deux cercles Polaires, Attique, & Antartique.

※※※※※※※※※※※※※※※※※※

DE L'EQUINOCTIAL.

L'Equinoctial est vn grand cercle de la Sphere également distant des deux Poles du Monde.

Il est appellé Equinoctial, d'autant que le Soleil faisant son cours souz iceluy, fait les iours égaux aux nuicts par toute la terre vniuerselle, ce qui arriue lors que le Soleil est au premier point d'Aries & de Libra.

Les deux Poles du Monde sont appellez Poles de l'Equinoctial; l'vn est appellé Artique, à cause qu'il est proche de l'Ourse Septentrionnale & Boreale; l'autre est appellé Antartique, cause qu'il est opposé à l'Artique, & qu'il est Meridional & Austral.

L'Equinoctial sert à montrer la latitude des villes, qui est la distances d'icelles iusqu'à la ligne Equinoctiale.

Il montre la declinaison des Estoilles & des Planettes, qui est leur esloignement de l'Equinoctial.

Sur iceluy se compte le mouuement de vingt-quatre heures, appellé le mouuement du temps.

On remarque l'Equinoctial au Ciel, si on prend garde au cercle que descrit le Soleil quand il est au premier point d'Aries & de Libra.

Il sert à monstrer la partie Septentrionale & Meridionale.

DV ZODIAQVE.

L E Zodiaque est vn grand cercle de la Sphere, diuisé par l'Equinoctial en deux également, la partie qui decline vers le Septentrion est appellée Septentrionalle, & les six figures Septentrionaux, qui sont Aries, Taurus, Gemini, Cancer, Leo, Virgo.

La partie qui decline vers le Midy est appellée Meridionale, & les signes Meridionaux sont Libra, Scorpius, Sagitarius, Capricornus, Aquarius, Pisces.

La ligne qui est au milieu du cercle est

appellé Ecliptique, d'autant que les E-
clipfes fe font fouz icelle.

Le Zodiaque a largeur pour compren-
dre toutes les latitudes des Planettes, qui
eft leur efloignement de la ligne Ecliptique, d'autant qu'elles ne s'en efloignent
iamais plus de huiſt degrez de chaque
cofté.

DV MERIDIEN.

LE Meridien eft vn grand cercle
de la Sphere, qui paffe par les
Poles du Monde, & par le Zenith
de la Region de laquelle il eft dit Meridien.

Il s'appelle ainfi, d'autant que le Soleil
faifant fon cours fouz iceluy, il eft Midy
en la Region de laquelle il eft dit Meridien.

Zenith eft le point qui eft directement
fur noftre tefte : il eft euident que les Zeniths eftans infinis, auffi les Meridiens fe-
ront infinis, fi ce n'eft qu'ils rencontrent
plufieurs Zeniths fouz vn mefme Meri-

dien : mais les Geographes n'en posent
qu'vn par chaque ville ou Prouince.

Il montre la plus grande hauteur des
Planettes & des Estoilles.

Il montre aussi la difference des longitudes, qui est la difference d'vn Meridien
à l'autre.

Il separe la partie Equinoctiale de l'Occidentale.

Il sert à rectifier les Quadrans.

DE L'HORIZON.

L'Horizon est vn grand cercle le di-
uisant en deux parties égales.

La partie superieure est, appellée Hemisphere du iour, & l'inferieure
Hemisphere de nuict.

Le point plus haut, pris en l'Horizon,
est appellé Zenith, point vertical, ou pole
d'Horizon.

Son opposite est dit Nadir.

Il est euident que les Zeniths estans infinis, aussi les Horizons seront infinis : mais

les Geographes n'en mettent qu'vn poiſt
chaque Ville & Prouince.

L'Horizon ſert à monſtrer le leuer &
coucher des Eſtoilles & des Planettes. Il
monſtre auſſi l'amplitude Ortiue.

DES DEVX CO-
lures.

LE s Colures ſont deux grandes cercles, ſe couppans à angles droicts
aux Poles du monde.

L'vn eſt appellé Colure des
Solſtices, & l'autre Colure des Equinoxes : Colure des Solſtices eſt le cercle qui
paſſe par les Pôles du Monde, & par les
points Solſticiaux, qui ſont Cancer &
Copricorne.

Ils ſont dits Solſticiaux, d'autant que le
Soleil eſtant paruenu à iceux, ſemble re-
tourner en arriere.

Colure des Equinoxes eſt le cercle qui
paſſe par les Poles du Monde, & par les
Poles Equinoctiaux, qui ſont Aries & Libra.

Ils sont dits Equinoctiaux, à cause que le Soleil passant souz iceux égale les iours aux nuicts par toute la terre.

Les Colures seruent à coupper la Sphere en quatre parties égales, & l'année en quatre saisons.

DES QVATRE
petits Cercles.

Es quatre petits cercles de la Sphere sõt les deux Tropiques de Cancer & de Capricorne, les deux cercles Polaires Artique & Antartique: Le Tropique de Cancer est le cercle que descrit le Soleil lors qu'il est au premier point de Cancer.

Tropique de Capricorne est le cercle que descrit le Soleil quand il est premier point de Capricorne.

Ces cercles sont eloignez de l'Equinoctial de vingt-trois degrez trente minutes,

qui est la plus grande declinaison du Soleil.

Cercle Polaire Artique est le cercle qui
descrit le Pole du Zodiaque à l'entour du
Pole du Monde Artique.

Cercle Polaire Antartique est le cercle
que descrit le Pole du Zodiaque à l'entour
du Pole du Monde Antartique: ces cercles
sont esloignez des Poles du Monde de 23.
degrez 30. minutes.

Ces cercles divisent la terre en cinq Zones, dont celle qui est entre les Tropiques
est appellée Torride, à cause de la conti-
nuelle presence du Soleil, & a de largeur
47. degrez.

Celles qui sont entre les deux cercles
Polaires sont appellées froides par l'esloignement du Soleil, & sont de 47. degrez.

Celles qui sont entre chaque cercle Polaire & le Tropique sont appellées tempe-
rées, pour participer des deux autres, &
ont chacune de largeur 43. degrez.

DE L'ASCENSION
des signes.

Scension d'vn signe est le temps qu'iceluy signe met à monter sur l'Horizon, mais le temps se compte sur l'Equinoctial : donc Ascension d'vn signe est le cercle de l'Equinoctial qui mōte sur l'Horizon auec iceluy signe.

Il y a deux sortes d'Ascensions, sçauoir est droicte & oblique.

Ascension droicte est lors que la partie de l'Equinoctial est plus grande que celle du Zodiaque.

Ascension oblique est lors que l'arc du Zodiaque est plus grand que celuy de l'Equinoctial.

En la Sphere droicte les quartes du Zodiaque ont Ascensions égales.

En la Sphere oblique les moitiez du Zodiaque ont Ascensions égales.

Faut noter qu'encore qu'vne partie du Zodiaque soit aussi tost leuée qu'vne partie de l'Equinoctial, toutesfois les parties de l'vn ne sont pas leuées en mesme temps que les parties de l'autre.

Iour naturel est depuis vn leuer iusques à l'autre.

Iour artificiel depuis vn leuer iusques au coucher.

En la Sphere droite tous les iours artificiels sont égaux.

En la Sphere oblique tous les iours artificiels sont inégaux, sinon quand le Soleil est en Aries & en Libra.

Les iours naturels sont inégaux : car puis que le iour naturel est la reuolutiõ de l'Equinoctial à l'entour de la terre, & encore vn degré du Zodiaque qui monte sur l'Horizon, lesquels degrez ont Ascensions inégales : donc les iours naturels composez d'iceux sont inégaux.

DES DIFFERENTES
positions de la Sphere.

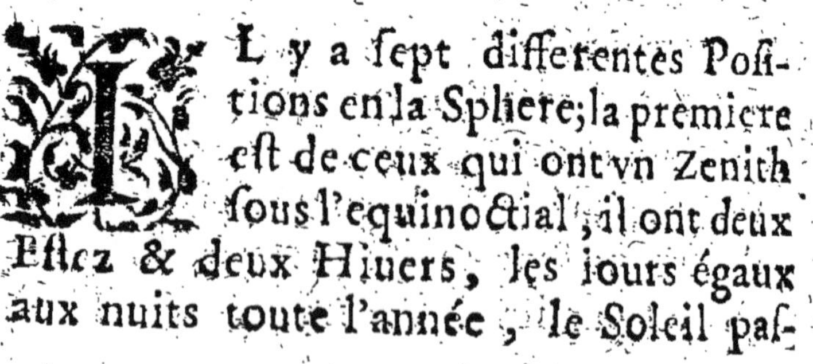

IL y a sept differentes Positions en la Sphere ; la premiere est de ceux qui ont vn Zenith sous l'equinoctial, il ont deux Estez & deux Hiuers, les iours égaux aux nuits toute l'année, le Soleil passe deux fois par dessus leur teste, & ont quatre sortes d'ombres.

La seconde est de ceux qui ont leur Zenith entre l'Equinoctial & le Tropique, ont les iours inegaux aux nuits, deux Estez & deux Hiuers, quatre sortes d'ombres, le Soleil passe deux fois sur leur teste.

La troisiesme est de ceux qui ont leur Zenith souz le Tropique, le Soleil ne passe qu'vne fois sur leur teste, n'ont qu'vn Esté & vn Hiuer, les iours inegaux au nuits, n'ont que trois sortes d'ombres.

La quatriesme, ont le Zenith entre le Tropique & le cercle Polaire : le Soleil ne passe sur leur teste, ont trois sortes d'ombres, les iours inegaux aux nuits.

La cinquiesme, ont leur zenith sous le cercle Polaire, ont vn iour de 24. heures & vne nuict de 24. heures.

La sixiesme, est de ceux qui ont leur Zenith entre le cercle Polaire & le Pole, ont plusieurs iours sans nuits, & plusieurs nuits sans iours.

La septiesme, est ceux qui ont le Pole pour Zenith, ils ont six mois de iour & six mois de nuit.

DES CLIMATS.

Climat est l'espasse de terre dans lequel les iours varient de demie heure.

Les Climats commencent à l'Equino-ctial, & finissent au cercle Polaire, de-là s'ensuit qu'il y a 24. Climats, d'autant que souz l'Equinoctial les plus grands iours sont de 12. heures, & souz le cercle Polai-re le plus grand iour est de 24. heures, qui font 24. demy heures, & partant 24. Cli-mats.

Ceux qui n'ont mis que 7. ou 8. Cli-mats, n'ont mis que ceux de la terre qu'ils connoissoient.

Ptolomée en a mis 48. mais il les a faits de quarts d'heures, qu'on nôme Pararelles.

D'autres en ont mis 36. sçauoir 24. iuf-qu'au cercle Polaire, & 12. depuis ledit cercle iusqu'au Pole: mais ils ont constitué les Climats de 15. en 15. iours.

Les Anciens nommoient les Climats par les lieux où ils passoient, comme par Me-roes. Syene, Alexandrie. Rodes, Rome, Bo-risthenes, & les Montagnes Riphées.

Fin du Traicté de la Sphere.

ELEMENS

DE

GEOGRAPHIE.

DE LA DIVISION
du Monde Vniuersel.

Ovt le Globe est di-
uisé en la terre & en la
mer.

La mer est Oceane,
ou Mediterranée.

La mer Oceane est
ainsi appellée, d'autant qu'elle enuiron-
ne la terre.

B

La Meditetranée est ainsi appellée, à cause qu'elle passe au milieu de la terre.

La mer est separée de la terre par les costes.

La coste est le riuage de la mer.

Les pointes de la terre qui auancent dans la mer sont appellées Promontoires, entre lesquels ceux-cy sont les principaux en l'Ocean du vieux Monde, *le Cap de Candenos*, au Septentrion, *le Cap vert*, en Occident, *le Cap de bonne Esperance*, au Midy, & *le Cap de Liampo* en l'Orient de la Chine.

Si la mer entre dans la terre ferme, & que ce soit en grande quantité, les Geographes appellent cela, *Scin, Goulphe*, ou *Baye* : quand c'est en petite quantité, cela s'appelle *Ance, Havre*, ou *Port*.

Les mers sont liées les vnes auec les autres par des détroits, entre lesquels ceux-cy sont les plus fameux en l'Ocean du vieux Monde : le détroit de NASSAV ou VEYGATZ en Moscouie : le détroit de ZONDT qui ioint les Mers Atlantique & Baltique : le détroit de GIBRALTAR en Espagne, lequel diuise la mer Mediterranée d'auec l'Oceane : le détroit de BALBELMANDEL qui ioint la mer Oceane auec la mer Arabique : le détroit de

BATZORE qui ioint la mer Oceane auec le
Sein Persique : & le détroit de SVNDA,
qui ioint les Isles de *Iaua* & de *Sumatra*:
le détroit de MALACA, & le détroit de
COREA en la Chine : le détroit d'ANIAN
qui est en la coste Septentrionale de la
Chine.

En la mer Mediterranée sont ces détroits; le détroit de GIBRALTAR, le
PHARE DE MESSINE qui est entre l'I-
talie & la Sicile : le détroit de L'HEL-
LESPONT, dit BRAS DE S. GEORGE,
ou GALLIPOLY, qui ioint la mer de
Marmora auec l'Archipelague : le BOS-
PHORE de Thrace, qui est entre la mer
de Marmora & le Pont Euxin ; & le détroit de NEGREPONT où est l'Euripe
des Anciens où Aristote se noya : il est
entre la terre ferme d'Athenes & l'Isle de
Negrepont anciennement dite L'EVBE'E.

DESCRIPTION
des Coſtes du vieux Monde.

EPVIS le deſtroit de VEY-GATZ, iuſques au Cap de CANDENOS, c'eſt coſte de Moſcouie, ou Baſſa.

De là iuſques au NORT CAP, c'eſt coſte de Firmachie.

De là iuſques au détroit de DANNE-MARC, c'eſt coſte de Noruege.

De là iuſques à CALAIS, c'eſt coſte d'Allemagne & d'Angleterre.

De là iuſques à la pointe de BLAVET, c'eſt coſte de Normandie.

De là iuſques à Bayonne, c'eſt coſte de Bretagne, Poictou & Guyenne.

De là iuſques au Cap de FINIS-TERRÆ, c'eſt coſte de Biſcaye & de Galice.

De là iuſques au Cap de S. VINCENT, c'eſt coſte de Galice & de Portugal.

De là iuſques au détroit de GIBRAL-TAR, c'eſt coſte de Portugal, & d'Al-garbe

De là iusques au Cap VERT, c'est coste d'Afrique.

De là iusques au Cap de SIERRA LIONA, c'est coste de Guinée, ou Negres.

De là iusques au Cap de LOPEGONSALVES, c'est coste de Malaguet.

De là iusques ou Cap NEGRO, c'est coste de Congo, ou Angola.

De là iusques au Cap de BONNE ESPERANCE, c'est coste des Caffres.

De là iusques au Cap de LOS CORRIENTES, c'est coste de Monomotapa.

De là iusques au Cap de GVARDAFVY, & l'Isle de ZOCOTORA, c'est coste de Mosambique.

De là iusques au Cap de BASALGATE, c'est coste d'Arabie.

De là iusques à l'emboucheure du fleuue INDVS, c'est coste de Perse.

De là iusques au Cap de COMORY, c'est coste de Malabar.

De là iusques à BENGALA, c'est coste de Malipur.

De là iusques à la pointe de MALAGA, c'est coste de Pegu, & Malaca.

De là iusques aux Isles de IAPAN, c'est coste de Sian, Cochinchine, & de la Chine.

ISLES DE LA MER
Oceane.

E s Isles fameuses en la mer Occeane, sont
Groenland.
Island.
Frisland.
Car on n'a pû sçauoir Encore si la nouuelle Zemle est isle ou terre ferme.
Les Orcades.
Les Hebrides.
L'Angleterre.
Les Isles des Açores, ou des Flamans.
L'Isle de Madere.
Porto-Santo.
Les Canaries, ou Fortunées.
Les Isles du Cap Vert, ou Hesperides.
L'Isle du Prince.
L'Isle de Sainct Thomas.
L'Isle d'Annobon.
L'Isle de Saincte Helene.
L'Isle l'Ascension.
Les Isles de Martin Vas.
L'Isle de Tristan Kunks.
L'Isle de Madagascar, ou Sainct Laurens.
L'Isle de Zocotora.

Les Isles *Maldiues.*
L'Isle *de Zeilan.*
De Sumatra.
De Celebes.
De Iana.
De Madura.
De Balbi.
D'Vlache.
L'Isle *de Ceilon.*
De Berneo.
De Gilole.
Les *Philippines.*
Les *Moluques.*
Les Isles *de Iapan.*
Et non guere loing de là,
L'Isle *de las Velas,*
& de Ladrones.

ISLES DE LA MER
Mediterranée.

Es Isles fameuses de la mer Medi-
terranée, sont
Maiorque.
Minorque,
Lampadouse, fameuse pour le mi-
racle qui se fait en sa Chappelle.

Corse.
Sardagne.
Sicile.
Malte.
Corfou.
Candie.
Negrepont.
Scio.
Cerigo.
Rodes.
Chypre.

DESCRIPTION
des Costes du nouueau Monde.

LA partie la plus Septentrionale reconnuë est le détroit de DA-VIS, & de FORBISCHER, & la coste depuis ce détroit iusques au Cap RASO & au Cap BRETON, est appellée coste de Canada.

De là iusques au Cap S. ROMAIN, est coste de nouuelle France & Virginie.

De là iusques au Cap FLORIDE est coste de Floride.

De là iusques au Cap de CATOGVE , &
au pays de IVCATAN , c'est coste Septentrionale de la nouuelle Espagne.

De là iusques au Cap de TRESPVNTAS
proche l'Isle de la Trinité , & à l'emboucheure de la grande riuiere. Orenoqué,
c'est coste de la nouuelle Castille.

De là iusques au Cap de NORT , à l'emboucheure de la grande riuiere des Ama-
zones, c'est coste de Caribana.

De là tournant vers le Cap S. AVGV-
STIN , iusques au Cap FRIO, c'est coste
de Bresil.

De là iusques à l'emboucheure du RIO
DE LA PLATA , c'est coste de Plata.

De là iusques au detroit de MAGEL-
LAN, c'est coste de Chica.

De là commençant au Cap de VICTOI-
RE , iusques au Cap de FORTVNE , c'est
coste de Chili.

De là iusques au Cap S. FRANÇOIS
vers les Isles DE LOS GALOPELOS, c'est
coste de Peru.

De là iusques en la mer VERMEILLE,
c'est coste Australe de la nouuelle Espagne.

De là iusques au Cap de MENDOCINE,
c'est coste de Galifornie.

B v

De là iufques au détroit d'A N I A N, c'eſt coſte d'Anian.

Les principales Iſles du nouueau Monde, ſont les Iſles de Barlouant, à ſçauoir.

 Cuba.

 Iamaica.

 Marguerite, ou *Iſle des Perles.*

 Eſpagnole,

 Et l'Iſle de S. Iean.

DESTROITS DV
nouueau Monde.

E Détroit de M A G E L L A N qui eſt de 120 lieües de longueur, qui ſepare les deux mers, alantique & Pacifique, & paſſe entre les coſtes de l'Amerique Meridionale, & la terre du Feu.

Le Détroit du M A I R E qui ſepare la terre du Feu d'auec la terre inconnuë.

DE LA DIVISION
de la Terre.

 OVTE la terre est diuisée par trois grands continens, separez l'vn de l'autre par la mer Oceance, le vieux Monde, le nouueau Monde & la terre Magellanique.

LE VIEVX MONDE est diuisé en trois parties, Europe, Asie, Affrique.

L'Europe est enuironnée de la mer Oceane du costé du Septentrion, & d'Occident, ayant la Mer Méditerranée au Midy, & à l'Orient, l'Archipelague, la mer de Marmora, le Pont Euxin, le fleuue Boristhenne iusqu'à Smolenski, puis le Lac de le Dòrga.

L'Europe est diuisée en huit parties,
ESPAGNE.
FRANCE.
ALLEMAGNE.
GRECE.

B vj

ILLIRIE.
HONGRIE.
POLOGNE.

Et SCANDIE, qui sont les trois Royaumes de Noruege, Suede, & Dannemarc.

Les Mers fameuses en l'Europe sont,

La mer Mediterranée.
Le Golphe de Venise, ou mer Adriatique.
L'Archipelague.
La mer de Marmora.
Et le Pont Euxin.
Il y a aussi la Mer du Nord, ou sein Bodnique.

L'Asie est enuironnée de la mer Oceane au Septentrion, à l'Orient & au Midy, ayant la mer Rouge à l'Occident qui la separe d'auec l'Affrique; & la borne d'Europe qui la separe d'auec l'Europe, elle est diuisée és neuf parties suiuantes.

NATOLIE, ou petite ASIE.
TVRCOMANIE, ou ARMENIE.
SIRIE, ou SAVRIE.
ARABIE, ou AYAMAN.
PERSE, ou SOPHIANE.
MOSCOVIE, ou RVSSIE.

TARTARIE, iadis SCYTHIE.
LES INDES.
Et la CHINE.
Les Mers fameuses en Asie, sont,
  La mer Oceane.
  Le Pont Euxin.
  La mer Caspie.
  La mer Morte.
  La mer Rouge.
  Et la mer de Perse.

L'affrique est enuironnée de mer de tous costez, horsmis au détroit de SVES, ayant la mer Mediterranée au Septentrion qui la separe d'auec l'Europe & la mer Rouge à l'Orient qui la separe de l'Asie: elle est separée és sept parties suiuantes.

BARBARIE, ou MAVRITANIE.
BILEDVLCERID, iadis NVMIDIE.
SARRA, iadis LIBIE deserte.
GVINE'E, iadis païs des GARAMAN-
    TES.
ZAÏDE, iadis pays d'EGYPTE.
ETIOPIE Superieure.
ETIOPIE Inferieure.

DE L'ESPAGNE.

L'ESPAGNE est vne grande Prouince, enuironnée de mer tout à l'entour, horsmis au Septentrion, qu'elle a les Monts Pyrennées qui la separent d'auec la France.

Elle est arrousée de six fameuses riuieres, sçauoir.

Duero.
Minio.
Tajo.
Guadiana.
Guadalquiuir.
Ebro.

Elle est diuisée en treize Prouinces, dont les douze enuironnent la treziesme, à sçauoir,

BISCAYE. *Bilbao, S. Sebastien, Thou-*
Villes pr. *   lousette.*

ASTVRIE. Villes pr.	Leon, Astorgues, Oniedo, Atila.
GALICE. Villes. pr.	Compostelle, ou S. Iacques, Mondognedo, Aurence, la Corognia.
PORTVGAL. Villes pr.	Lisboa, Coimbra, Ebora, Braga, Bragança. Puis il y a Tauila, & Silues en Algarbie.
ANDALVSIE. Villes pr.	Seuille, Cordüa, S. Lucar de Barrameda, Calis, Malis.
GRENADE. Villes pr.	Grenade, Almeria, Malaga.
MVRCIE. Villes pr.	Murcie, Cartagene.
VALENTIA. Villes pr.	Valentia, Montessa, Alicante, Oriauella.
CATALONIA. Villes pr.	Barcelone, Tortosa, Lerida, Vrgel, Perpignan, capitale de la Comté de Rousfillon.
ARRAGON. Villes pr.	Saragossa, Gaga, Oüesca, Barbasto.
NAVARRE. Villes pr.	Pampelone, Tudela, Logrofio.
CASTILLE LA VIEILLE. Villes pr.	Burgos, Salamanca, Vailladolid, Samora, Ciudad de Rodrigo, Segouia.

CASTILLE LA *Toledo , Madrid , Alcala*
NEVVE. *de Henarés , Alcantara,*
Villes pr. *Calatraua , Merida , Ba-*
dajos.

DE LA FRANCE.

A France eſt vne grã-
de Prouince, iadis ap-
pellée Gaule , & en
cette façon elle eſt en-
uironnée de la mer
Oceane au Septen-
trion , & occident,
ayant les Pyrenées,
& la mer Mediterranée au Midy , & les
Alpes, & les monts Iura à l'Orient, qui la
ſeparent d'auec l'Italie & l'Allemagne.

Elle eſt arrouſée de ſept fameuſes riuieres, ſçauoir,

Meuſe.
Moſelle.
L'Eſcaut.
Seine.
Loire.

Garonne.
Rosne:

Les François conquirent cette Prouince quatre cens vingtans apres la naissan-
ce de nostre Seigneur, & luy changerent
le nom de Gaule en France. Les enfans
de Louis le Debonnaire la diuiserent en
France Orientalle & Occidentalle ; les
riuieres de Meuse, Seine, & Rosne en
faisoient la separation. La France Orientalle est comprise entre la Meuse & l'Allemagne, & se diuise en seize Prouinces;
La France Occidentalle est comprise entre la Meuse & le Rosne, les monts Pire-
nées & la mer Oceane, & se diuise en
vingt-cinq Prouinces.

DE LA FRANCE
Orientalle.

LA France Orientalle est diuisée en seize Prouinces suiuantes.

HOLLANDE. Villes pr.	*Dordreeht , Amsterdam, Alkmar, Leyden, Harlem , Vtrech , la Haye, Rotredam, &c.*
ZELANDE.	est comprise en plusieurs Isles , entre lesquelles les principales sont,

Valcheren,
Schouven,
Tonnellen,
Tollen.
Nortbeuerland,
Zuitbeuerland,
Volferdig .

Les principales villes sont *Midelbourg, Flessingue , Goen , Soumersoual.*

GVELDRES, Nimegue, Arnhem, & Ruremonde.

CLEVES, ou IVLIERS. Cleues, Gulich, Achen, ou Aix, Alpen, & Zenten.

LIMBOVRG. Valchembourg, Limbourg, d'Alen, & Bolduc.

LVXEMBORVG. Luxembourg, Thionuille, Arluy, Iuoy, Mommedy, & en la Frontiere de France, Sedan, Maisieres, & Monson, & en la Frôtiere du Liege, Boüillon, saint Hubert, & Franchimont.

LORRAINE. Metz, Toul, Verdun, Nancy, S. Nicolas. Neuf-Chastel, Remiremond, Espinal, Marsal, Viq.

FRANCHE-COMTE'. Besançon, ville Imperialle, Dole, Gray, Arbois Polligny, Luxul, Noseret, S. Claude.

COVLOGNE. Arrembergue, Querestin.

TRESVES. Treues Coblents, S. Vandel.

MAYENCE. Meimatz, ou Mayence.

ALSACE.   Cette Prouince est diuisée en trois *Alface Palatin*, en laquelle font, *VVormes, Spire*, & *Sarbruich. Alface inferieure*, en laquelle font, *Husbin, Monfter, Gregoux, Collmart.*

LIONNOIS, ET BRESSE.   *Lion, Bourg, Bellay.*

SAVOYE.   *Momme illan, Chambery, Genéue, Tarantaife, S. Iean de Morrienne, Suze, Anicy.*

DAVPHINE'.   *Grenoble, Vienne, Ambrun, Montlimart, Briançon, Orenge, & Valence.*

PROVENCE.   *Marfeille, Aix, Arles, Auignon, Carpentras, Cifteron, Toullon, Antibe, & Nice.*

DE LA FRANCE
Occidentalle.

L A France Occidentalle est diuisée en vingt-trois Prouinces suiuantes.

FLANDRES. Gand , Bruge , l'Escluse, Ostande, Douay, Tournay.

ARTOIS. Arras , S. Omer , S. Pol, Bethune.

HAINAVT. Mons , valentienes , Cambray , Marienbourg, Condé, & Namur, qui est auiourd'huy vne Comté à part.

BRABANT. Anuers , Bruxelles , Louuain , Bolduc , & Breda , Tongre , Dinan, Mastrich , Boüillon , Franchimont , S. Hubert, & autres terres qui sont en la France Occidentalle du Liege.

PICARDIE. Amiens, Abuille, S. Quentin, Peronne, Laon, Beauuais, Noyon, Senlis, Compiegne, Soissons, Calais, Estaples, Montreüil, & Corbie.

NORMANDIE. Roüen, Caen, Evreux, Bayeux, Lisieux, Auranche, Coutance, Saint Lo, Cherebourg, Dipppe, Caudebec, Aumale, Alençon, Havre de Grace, & Valongnes.

BRETAGNE. Nantes, Rennes, S. Malo, Dole, Redon, Tesquiot, S. Paul de Leon, Brest, Conquest, Vannes, & Cran.

POITOV. Poictiers, Lusson, Mallezais, Fontenay le Comte, Niort, Mirebeau, Partenay, Lusignan, Chastelleraud.

XAINTONCE. Xaintes, Perigueux, la Rochelle, S. Iean d'Angely, & Broüage.

GVYENNE. Bordeaux, Bafas, Nerac, Lefloure, Foix, Tarbes, Pamiez, Bayonne, & tout le païs de Bearn, dont la capitale ville eft Pau.

LANGVEDOC. Thouloufe, Narbone, Caftres, Cahors, Albi, Nifmes, Monpellier, Tournon, Lodeue, Frontignan, Vzez, le Puy.

BOVRGOGNE. Dijon, Mafcon, Chaalons, Autun, Verdun, Auxone, Auxerre, Neuers, Sens en Charolois.

CHAMPAGNE Reims, Chaalons, Vitry. Chaumont, Langres. Bar-fur-Aube, Verdun, Bar-le-Duc, Troye.

BRIE. Meaux, Prouins, Lagny, Montereau Faut-Yonne.

ISLE DE Paris, Sainct Denis. FRANCE. Chartres, Dreux, Orleans, Blois, Chafteaudun, Vandofme, Eftam-

pes , Pontoise , S. Ger-
main , Poissy , Mont-
fort-l'Amaulry , Man-
tes.

CASTINOIS. Nemours , Corbeil , Mon-
targis , Moret , Fon-
taine-bleau , Melun.

TOVRAINE. Tours , Amboise , Chinon,
L'Isle - Bouchard , &
Loudun.

ANIOV. Angers , la Flesche , le
Mans , la Ferté - Bes-
nard.

BERRY. Bourges , Yssoudun , San-
serre , Concresaut , Romo-
rantin , & Vierson.

BOVRRON-
NOIS. Moulins , saint Pierre le
Monstier , Bourboulan-
cy , & Montbrisson au
païs de Forest.

AVVERGNE. Clermont , Rion , Issoire,
S. Flour , Montferrant,
le Puy , & Billion.

LIMOVSIN ET
LA MARCHE. Limoges , Tule , Brive la
Gaillarde , Vsarche,
Conflans , Belac , Dorat,
& Gueret.

DE

DE L'ITALIE.

L'ITALIE est vne grande Prouince, laquelle est enuironnée des Alpes au Septentrion, & Occident, qui la separent d'auec la France & & l'Allemagne ; ayant la Mediterranée, & l'Adriatique au Midy & à l'Orient : elle est arrousée de deux fameuses riuieres, le Po, & le Tibre, & les moins principales sont, le Tesin, l'Adige, l'Arne, & Gariliane : elle est diuisées és vingt Prouince suiunntes.

PIEMONT. Villes pr. *Turin, Pignerol, Verceil, Ast, Mondeuy, Oste, Yurée en val d'Oste.*

SALVCE. *Carmagnole, Carignan, Poncalier, Lasalgres, & Vacoine.*

RIVIERE DE GENNES. *Gennes, Sauonne, Nole, Poifin, Vintemiglie, Monaco, S. Remo.*

MONFERRAT. *Casal, S. Vas, Albe, S.*

C

Damien, Alexandrie de
la Paille.

LOMBARDIE.   Milan, Paule, Nouare,
Creme, Cremone, Plaisan-
ce, Parme, Mantoue, Mo-
dene, Bergamo, Como, &
la Mirandole.

TOSCANE.   Florence, Siene, Pise, Lu-
ques, Pistoye, Perouse, Vi-
terbe, Porto Hercole, port
de la Lune, Ligourne
beau port où le grand Duc
de Toscane fait souuens
son sejour.

CAMPAGNIA.   Rome, Ostia, Tiuoli, Pi-
DI ROMA.   lastrina, Auxina, Tusc-
culo, Terracine & Pru-
nette.

DYCHÉ DE   Spolete, Teruy, Taudy,
SPOLETE.   Angubio, Nocera, Fou-
ligno, Assise, Monte-
falcone, Lieramnie, &
Naruie.

MARCHE.   Ancone, Lorette si celebre
D'ACONE.   par les miracles que Dieu
y produit ordinairement
en faueur de la très-sainte
Vierge sa Mere; dont la
chambre fut trāsportée en

ce lieu par le ministere des
Anges, Senegalia, Reca-
nary, Vrbino, Pescara,
Fermeo, Ascoly.

ROMAN-DIOLE. Rauenne, Boulogne la Gras-
se, Ferrare, Fayenza, Re-
mini, Imola.

MARCHE TREVISANE. Venise, Vincence, Padoüe,
Taruiso.

FRIOVL. Oudyne, Palme, la Noüe,
Aquilla, Gradisque, Con-
cordia, Trietz.

ISTRIE. Le Cap d'Ystrie, Paula,
Parenzo.

TERRA DY BARY. Barry, Barlette, Poliano, Mo-
nopoli.

TERRA DV LAVORO. Naples, Capoüe, Salerne,
Surente, Theano, Cume,
Baye, Poussol & Melphe,
en laquelle l'vsage de la Bous-
sole a esté premierement in-
uenté : & Gayette, qui à
cause de sa bonne scituation,
est appellée, la clef du
Royaume.

BASILICATE. Peste, Gallipolis, Paula,
Policastro, Diana, Cab-
bastia.

CALABRIA. Saincte Euphemie, Ossy-

zaſſo, Regio, Squilaſqui,
Coſſenſa, Crotone, Roſa-
na, Matera, Grauina,
Tarento.

TERRA D'O-   Otrante & Iezze Brindiſy,
TRANTO.   Manfredonia, Siponte,
POVLIA PIANA.   Salpe, Liceria.
ABBRVZZO.   Aquila, Beneuente, Aqui-
no, Venaſrio, Peſcara.

DE L'ALLEMAGNE

L'ALLEMAGNE eſt vne gran-
de Prouince enuironnée de la
mer Germanique, au Septen-
trion, du Rhin à l'Occident, qui la ſepare
de la France. Des Alpes au Midy, qui la
ſeparent de l'Italie, & à l'Orient des fleuues Odere-Marel, & la Draue, qui la ſeparent d'auec la Hongrie & Pologne.

Elle eſt arrouſée de huit fameuſes riuieres, ſçauoir:

Rhein.   Mein.
VVeſel.   Danube.
Elbos.   Draue.
Odere.   Saue.

Elle est diuisée és sept parties suiuantes.

FRISE.

FRISE ORIEN-TALE.	*Embden , Aldenbourg.*
FRISE OCCI-DENTALE.	*Le VVarden , Alenguen, Franiguer & Gronin-gue.*
OVERISEL.	*Deuenter , Stennique , & Hiule.*
ZVTPHEN.	*Zutphen , Dorsbourg, Crôle.*
LES DIOCESES.	*Munster , Patebornd, Minden , & Ossem-bourg.* Et le reste des Dioceses de Coulogne & Mayence, des-quelles les villes ca-pitales sont delà le Rhein.
VILLES IM-PERIALES.	*Soes , Emerique , Duis-bourg , & Duseldorp.* Et le reste des Duchez de Cleues , & Ber-gues, desquelles les vil-les capitales sont delà le Rhein.

C iij

VVESTPHALIE.

Cortez, Valdick, la Mark.
Oya, Lip, Linguen, Ha-
naut, Naſſaut, le Lant-
grauiat de Heſſen, Mur-
bourg, Liſel & Saline.

SAXE.

SAXE SVPE-RIEVRE.	Vitemberg, Viſſembourg, Viſſenfelz.
SAXE INFE-RIEVRE.	Madgdebourg, Breſme, Ildeſtin, Ferden, Al-berſtad, Goſtard : puis les cinq Duchez de Lunebourg, Lauſem-bourg, Roſtoren, Mek-lembourg, Brauſuik, Grubenaguen, la Com-té de Mansfeld, & la Principauté d'An-halt.
HOLSACE.	Lubeck, Imbourg, Oldem-bourg.
TVRINGE.	Herfort, Veymar, Gaſta, Illeben, Hiena, & Non-bourg.

MISNIE. *Misen, Lipsik, Tresta,*
Terga.

LVZASSE. *Gorlisse, Soprenbergue, &*
Carbus.

MARQVISAT *Brandebourg, Francfort*
DE BRANDE- *sur l'Odere, Grosen, Lu-*
BOVRG. *bus : puis les villes des*
Vandales en la coste
de la mer Baltique, Set-
calsuede, Grepeunalde
Stetin, & les Isles de
Rugies & Veluy.

FRANCONIE.

Villes pr. *Virsbourg, Francfort,*
&c.

PALATINAT, *Hydelberg, Maspac.*
DV RHEIN.

BOESME.

BOESME. *Prague, Egra, Auieme-*
bergue, Tabor, Pille-
ben.

SILESIE. *Breslau, Nice, Oplen, Pa-*
tibren.

MORAVIE. *Linats, Iola, Molirbourg,*
Cremesiers.

S V E V E. *Ausbourg , Vlme , Cof-*
faie , Norlinguen , &
Meminguen.

VITEMBERG. *Vitemberg , Stutgard , Ca-*
bugien , Esterigien , puis
le Marquisat de Ba-
de , & le pays de Bres-
fort , où sont les qua-
tre villes de Frisbourg,
Salimgren , Neubourg,
& Brizac.

S V I S S E.

A R C O V V. *Suits , Vry , Vnderwald,*
Lucerne , Glaris , &
Soleurre.

VLIS PVCER- *Zurich , Schaffouse , A-*
GOVV.   *penzel, la ville & Ab-*
baye de S. Gal , Ven-
tersal , & Bade.

TERCOVV. *Berne , Fribourg , Losan-*
ne , Neuf-Chastel , Com-
té à part , qui appar-
tient à Monsieur le
Duc de Longueuille,
Morat & Granzon.

BASILER. — Balle, Rinfelden, & Lo-semberg; puis la vallée d'Eslom, dont *Sion* est capitale, & le païs des Grifons, dont la capitale est *Coire*.

BAVIERE SEPTENTRIONALE. — Ingolstad, Papahin, Gueldelin, Luitembergue.

BAVIERE MERIDIONALE. — Ratisbonne, Ourgunburgonne, Munchen, Fressinge, & Solzebourg.

BAVIERE.

CER TIROLY ou Comté de TITOL. — Inspruk, Brignezia, Trente, Tiroly, capitale de la Comté.

AVSTRICHE. — Vienne, Languex, Hambourg, & Volse.

ISTRIE. — Pol, Pruge, Graue, Ortembourg, Marebourg, & Peto.

CARINTIE. — S. Vvit, village, Languenfat, Hegut.

GARNIOLE — Lobac, & Crimburg.

C v

DE LA GRECE.

A Grece est vne grã-de Prouince, enui-ronnée de mer de trois costez : Elle a l'Archipelague à l'O-riét, la mer Mediter-ranée & la mer A-driatique à l'Occi-dent ; & au Midy & au Septentrion les montagnes de Macedoine, vulgairement appellées *Cap de Nosso* : elle est diuisée és cinq parties suiuantes.

PELOPONESE ou MOREE.

ACHAYE, ou LIVADIE.

EPIRE, ou ARCANANIE.

MACEDOINE.

THRACE, ou ROMANIE.

PELOPONESE OU MOREE. Est enuironnée de la mer de tous costez, hors-mis au Septentrion, où est *l'Isthme de Corinthe.*

Elle estoit iadis habitée par les Corinthiens, Argiens, Lacedemoniens, Elliens, Sicioniens, & Arcadiens, &c.

Les villes principales font, *Corinthe, Argos, Sicione, Napoli, Lacedemone, Sparte,* ou *Misithra, Coren, Mondon, Patras & Megalopolis.*

ACHAYE, ou LIVADIE. Est située au Septentrion du Peloponese, ayant l'Archipelague à l'Orient le fleuue Acheloüs à l'Occident, & la Thessalie au Septentrion : Elle est arrousée de trois fameuses riuieres, qui font.

Ismene.
Æsope.
Achelous.

Elle estoit iadis habitée par huit peuples, Doriens, Locriens, Etoliens, Phociens, Opuntois, Beotiens, Megariens, & Attiques.

Les montagnes fameuses font, *Parnasse,* *Helicon, Cutheron, & Himette.*

Les villes principales font ; *Naupacte,* auiourd'huy, *Lepante, Delphes, Thebes, Megare, Athenes, ou Setine.*

EPIRE, ou ARCANANIE. Est vne Prouince comprise entre la mer Adriatique & les monts Acroceranniens : La partie Meridionale estoit iadis appellé *Arcananie.*

Les villes princi-
pales sont, *Larta,*
Ambracia, Capsigalo,
iadis Action, & Chi-
mera.

MACEDOINE. Est vne grande Prouince
qui est entre la mer
Adriatique & l'Ar-
chipelague, ayant la
Liuadie au Midy.

Elle estoit iadis ha-
bitée par cinquante
Peuples;auiourd'huy
elle est diuisée és
quatre Territoires
suiuans.

ALBANIE.   *Macedoine, Saloni-*
LODRIN.   *que; Apolonia, Pel-*
DVRAZO.   *la.*
DRIBA
V.Pr.   *Tamboly, Contessa,*
              Canalia, Montesanto,
              ou Atho's.

              Comenolitari, ou
              Thessalie, Armiro, La-
              rissa, Iana, & Con-
              ga.

Les montagnes fa-
meuses sont, *Pelion,*
Ossa, Olimpe.

Elemens.

Le fleuue *Penée*, & les *Champs Elisiens*, ou le *Tempé*, celebré par les Poëtes anciens y sont aussi.

THRACE, ou ROMANIE. Les principales villes sõt, *Constantinople*, *Andrinople*, *Philipopolis*, & *Gallipoly*, ou bras de Sainct George.

DE L'ILLIRIE.

L'ILLIRIE est vne grande Prouince, ayant le Danube & la Saue au Septentrion & à l'Orient, qui la separent de la Hongrie la mer Adriatique à l'Occident, & les monts de Macedoine au Midy : Elle est diuisée en cinq parties, *Croatie*, *Dalmatie*, *Bosnie*, *Seruie*, & *Bulgarie*.

CROATIE, OU CRABATENE. Iadis appellée *Illirie*, les principales villes sont, *Vuiche*, *Caroluse*, ou *Carloflat*, *Sifaguen*, ou *Ziseg*. A l'Occident de cette Prouince est la Prouince de *Ridichemart*, & le lac de *Gufermefergue*.

DALMATIE. Est vne grande Prouince, située au long de la mer Adriatique : les villes principales sont, *Segus*, *Sara*, ou *Sadera*, *Tiau*, *Salona*, *Spalato*, *Ragouse*, *Anibari*, & *Scutari*.

BOSNIE. Et vne grande Prouince, iadis appellée *Mifie Superieure* : Elle est appellée *Bofnie* du fleuue *Bons*, ses villes principales sont *Archi*, *Suiuari*, & *Iaeffa*, qui est la capitale de tout le païs.

SERVIE. Estoit iadis partie de là
haute *Misie*, & du
Royaume de *Bosnie*:
Ses villes principales
sont, *Belgrade*, *Sande-*
ronie, *Drin*, & *Oraque*.

BVLGARIE. Estoit iadis appellée *Mi-*
sie Inferieure : Ses
villes capitales sont,
Sophy, *Nicopolis*, *Su-*
sidans, *Tresmis*, &
Verna, où mourut
Louys Roy de Hon-
grie.

DE LA HONGRIE.

ONGRIE est vne grande
Prouince qui est enuironnée
des monts Crapates, qui la
separent de la Poulogne,
ayant à l'Occident, l'Allemagne, qui la separe d'Allemagne, & au
Midy le Danube & la Saue, qui la separent de l'Illirie, elle est diuisée en sept
parties.

HONGRIE SEPTENTRIONALE. Villes pr.	Presbourg, Vaccia, Vamos, Colloquesuar, Ecbac, toutes situées sur le Danube, puis Temesuar, Segendin, Conade, Varadin, Agria, & Cassouie.
HONGRIE MERIDIONALE. Villes. pr.	Bude, ou Ofen, Strigonie, ou Gran Visse-grade, Comore, toutes situées sur le Danube, puis il y a, Iauarin, Causse, Alberoyale, Cinq-Eglises, & Ziget.
ESCLAVONIE,	Sargabia, Poréga, Escbio, Varradin, Peter, Dilancznie, Sirmion.
TRANSILVANIE.	Alba, Iulia, Cebiniam, ou Zonimstrat, Colosuar, Segescat, & Crostat.
VALACHIE.	Tergouise, Baconiet, Redenik, Frinistat & Nicopolis.
BESSARABIE.	Quilia, Moncastro, Bialogrodo, & Tarispo.
MOLDAVIE.	Sorsaua, Chautin, Margosest, & Vasluy.

DE LA POVLOGNE.

P OVLOGNE est vne grande Prouince, ayant au midy les monts Crepates qui la separent d'auec la Hongrie, à l'Occident l'Allemagne, à l'Orient la borne d'Europe qui la separe de l'Asie, & au Septentrion la mer Baltique, ou Germanique.

Elle est diuisée en vnze parties.

HAVTE POV- LOGNE. Villes pr.	Gaesine, Posneane, Vuarta, Siradie, Curauis, Betricanie, Plesko, Lancisy, Dobresin, Pallosque.
BASSE POV- LOGNE.	Cracouie, Sendornirie, Lublin, & Casimir.
MASSOVIE. Villes pr.	Varsede. de Pedellasy. Serragard, Hamin, Goberl, Ronsberg.
POMERANIE.	

PRVSSE.	Dansic, Mariembourg, Fuenbourg, Elbungio, Caruspergue, & Mont-Royal.
HAMOGITI-NIE.	Icy il n'y any villes, ny chasteaux.
LIVONIE.	Riga, Vvenden, Runel, Dept, Narua.
LITVANIE.	Vilna, Nouogrod, Troce, Plesko, Plessonie.
VOLHIMNIE.	Lensko, Velodimis, Cresencr.
RVSSIE.	Lconpurg, ou Leopolis, Bolie, Cheline, Clausas.
PODOLIE. Villes pr.	Crummenel, Brasenal, & Bar.

DE LA SCANDIE.

A Scandie comprend les trois Royaumes de *Norvege*, *Suede*, & *Dannemark*.

NORVEGE.

ORVEGE est vn grand Royaume, situé en la partie plus Septentrionale de l'Europe, embrassant la coste de la mer depuis *Nart-Cap*, & *Firmachie* iusques à l'emboucheure de la mer, Baltique la ville capitale est *Nidrosa*, ou *Tondon*, les autres principales sont, *Berga*, *Stafanger*, *Aßlaya*, *Anneman*.

DE LA SVEDE.

SVEDE est vn grand Royaume, situé à l'Occident de Noruege, tant d'vn costé que d'autre du Sein Bodnique, elle est diuisée en six parties.

GOTIE.	*Nicopen, Norcopen, Metalla, Calinalis, Arboga, Setranagis.*
SVËS.	*Stokolm, Vpesenliy, Bergan.*
BODNIE.	Petites habitations, & n'y a aucunes villes.
FINLANDIE.	*Vibourg, Grounbourg, & Abo.*
CORELLIE.	*Corolembourg, Nordenbourg, & Laust.*
LAPPIE, ou païs des LAPPONS.	*Colopasgo, & Motga,* bourgs sur la coste, fameux pour la pesche.

D A N N E M A R K.

 A N N E M A R K est vn grand Royaume, borné au Midy de la Nouerge & Suede, estant trauersé de la mer Baltique, & est diuisée en quatre parties.

IVTIE, ou IVTLAND. Villes pr.	*Ripa*, *Arlesuen*, *Varsursel*, *Flancebort*, *Chelesonie*.
FIONIE.	*Hostensbers*, Capitale.
ZELANDIE.	*Copehagen*, ou *Hasnia*, Capitale de Dannemark, *Helsenor*, *Rotichilis*.
SECANIE. Villes pr.	*Londen*, *Elboguen*, *Falquebort & Verandie*.

LES ISLES DE
l'Europe.

Es Isles de l'Europe sont en la mer Oceane, ou en la Mediterranée: En la mer Oceane sont les Isles de.

Groenland.
Island.
Frisland.
Angleterre, ou grand Bretagne.
Hibernie, ou Irlande.

Les Isles de la mer Mediterranée sont,

Maiorque.
Minorque.
Ellbe, ou Cosmopolis.
Sicile.
Mat.
Corfu.
Cefalonie.

Zante.
Sainte More.
Valsosephale, ou *Ithaque.*
Candie.
Cerigos, ou *Cythere.*
Rhodes.
Cypre.

Et toutes les Isles de l'Archipelague, dont la Capitale est *Negrepont.*

GROENLAND. est vne grande Isle, non encore bié descouuerte, où il n'y a rien de fameux que le Monastere S. Thomas, où le Printemps est perpetuel.

ISLAND. Est vne grande Isle, trauersée du cercle Artique : En icelle il y a deux villes Episcopales, *Halart*, *Schalchaut*, & la forteresse *Bestrede*, où demeure le Gouuerneur pour le Roy de Dannemark, Là est le mont Hecla, qui iette in- incessam-

cessamment des flam-
mes.

FRISLAND. Est vne grande Isle, non
guere loing d'Islande:
elle porte le nom de
sa ville capitale, les
autres sont, *Ostbar*, &
Sneftolle.

DE L'ANGLETERRE.

L'ANGLETERRE est vne grande Isle diuisee en trois grandes Prouinces,

Escosse.

Angleterre.

Cambrie, ou VVales.

Escosse. Occupe la partie Septentrionale de l'An-
gleterre, estant sepa-
rée d'icelle par les

D

deux riuieres de *Tue-
da*, ou *Tiues*, & *Soul-
leuay*, ou bien par la
muraille des *Pictes*, iadis baſtie par les Ro-
mains : la ville capi-
tale eſt *Edimbourg*, les
autres ſont, *Soulingue*,
Dumblay, *Abreneit*, *Ca-
tenas*, *Roſſe*.

Angleterre. Eſt ſeparée de l'Eſcoſſe,
par la borne cy - de-
uant dite : Elle eſt di-
uiſée en pluſieurs Co-
ſtes, leſquelles nous
départirons en quatre
parties, Coſte Orien-
talle, Coſte Occiden-
talle, Coſte Meridio-
nalle, & le pays du mi-
lieu.

Coſte Orientalle embraſſe la coſte de
la mer depuis l'emboucheure du fleuue
Tueda, iuſques à l'emboucheure de la *Ta-
miſe* : Elle eſt diuiſée en pluſieurs pays,
Norʇhumbrie, ou *Northumberland*, les
Dioceſes *d'Vbeline*, ou *d'Vrchan*, l'Ar-
cheueſché & Duché *d'York*, les Comtez
de *Nortfolk*, & *Suffolk*, *Mildeſſex*, *Eſſex*:

les villes principales font, *York*, *Vvar-*
vvich, *Neuf-Chaftel*, *Dureban*, *& Londres*
capitale de tout le païs.

Cofte Meridionalle embraffe la cofte
de la mer depuis l'emboucheure de la *Ta-*
mife, iufques à l'emboucheure du fleuue *Sabrina* : Les villes principales font,
Northumbrie, *Archeuefché*, *Greanuige*,
Vveft menfter, *Douures*, *Antomie*, *Orfefte*,
Euxefte, *Plemuch*, *& S. Ager en Cornoüail-*
le, *Veft-Bafte*, *& Briftol*, au cofté de *Som-*
merfet, *Mafuelbanik*.

Cofte Occidenatlle eft diuifée en plu-
fieur pays, *Comberland*, *Vveftmerland*,
Lanclaftre : les villes principales font, *Ca-*
clifte, *Candelle*, *Lanclaftre*, *& Chefte*.

Le milieu du pays contient les coftez de
Gloceftre, *& vorceftre*, *Serenfibiorich*, *Var-*
vvich, *Salisbury*, *Rutland*, *Nortanton*,
Vvindelifors, les deux *Videftres de Cam-*
bridge, *& Oxford*.

CAMBRIE, ou   Eft enuironnée de deux
VVALLES.   riuieres, *Sabrina*, *&*
              Dea, & de la mer O-
              ceane, elle eft diuifée
              en trois parties, qui
              font, *Norgales*, *Sudga-*
              les, *Poufeluid*.

NORTCALES. Ses villes principales, sont *Banger*, *Sainct Dauis*, *Landof*, *Cardingan*, & l'Isle *Anglezey*.

SVDGALES. Les villes principales sont, *Pembrok*, *Herford*, *Milleford*, *Hauin*, & *Marendacnon*, pays du Prophete *Merlin*.

POVSILVID. Icy sont les costes de *Montgomery*, *Radenord*, & *Erford*.

DE L'HIBERNIE.

HIBERNIE est vne grande Isle, située à l'Occident d'Angleterre : elle est diuisée en quatre Prouinces suiuantes

VLTONIE.

LANGENIE.

MOMONIE.

ET CONARIE.

VLTONIE. Est vne grande Prouince, occupant toute la partie Septentrionale de l'Isle : Ses principales villes sont, *Armalk*, *Douare*, *Doudronice*, *Droguede*, & la Comté de *Tironnen*.

L A G E N I E. Occupe la coste O-
rientalle de l'Isle: les
villes principales
sont, *Dublin*, capitale
de toute l'Isle : puis
Glaguiny, *Laylingue*,
& Ouexford.

M O M O N I E. Occupe toute la partie Meridionale de
l'Isle: ses principales
villes sont, *Limerich*,
Vatterford, & Corgue.

C O N A R I E, Occupe la partie Occidentalle de l'Isle:
les villes principa-
les sont, *Glasine*, *Glat*,
Aloue, *Deluin*, *&*
Aboyet.

ISLES DE LA MER
Mediterranée.

MAIORQVE. Elle porte le nom de sa ville capitale.

MINORQVE. Ses villes principales sont, Minorque, & Citadela.

CORSE. Les villes principales sont, Alleria, Sainct Boniface, Genarça, Nobio, Balagaa, & Sagonnasse.

SARDAGNE. Callary, Sacsary, Olbia, Bossa, & Oristagua.

ELVE, ou COSMOPOLIS. La ville capitale est, Cosmopoli, où resident les Chevaliers de S. Estienne, instituez par le Duc de Florence.

SICILE. Est vne grande Isle, située en l'extremité de l'Italie en forme trian-

	gulaire : elle est diuisée en trois valées.
Val di demona.	*Messina*, *Milazo*, *Cisalsi*, *Pati*, *Taernia*, *Catania*, où est l'Academie : Icy est le Mont-gibel, & le Phare de *Messine*.
Val di Massaro.	*Palerme*, *Trepano*, *Monroyal*, & *Berguent*, iadis *Agrigente* : Icy est le fameux Promontoire de *Lilibée*.
Val di Notto, ou Notti.	*Saragousse*, ou *Siracuso*, *Leontion*, *Notto* : Icy est le fameux Promontoire de *Pachine*.
MALTE.	Est vne petite Isle, non gueres ioing de Sicile : la ville capitale est *Malte*, les autres sont, *le Bourg*, au bout duquel est le *Chasteau sainct Ange*, *l'Isle de la Sangle*, ou *Bourg sainct Michel*, au bout de laquelle est le *Fort S. Elme*.
CORFV.	Iadis *Corcyres*, porte le nõ de sa ville capitale.

CEFALONIE. Elle porte le nom de sa
ville capitale. Icy est
le fameux port de
Argostoz, à l'Orient
de cette Isle, sont
deux petites Isles,
Saincte More, & *Val
comparo*, iadis *Itaque*,
païs d'Vlisse.

ZANTE. Elle porte le nom de sa
ville capitale.

CERIGO. Iadis *Cithere*; elle porte nom de sa ville
capitale.

CANDIE. Iadis *Crete* : Icy estoit
le labirinthe de *De-
dale*, il n'y a que trois
villes principales,
Candie, *Dictame*, *Re-
timo*.

RHODES. Porte le nom de sa
ville capitale.

Quant aux Isles de l'Archipelague, les
principales sont,

Negrepont, iadis *Eubée*

Sa ville capitale est *Negremont*, iadis *Al-
cide*.

Stalimene, iadis Lemnes.
Metelin, iadis Lesbos,
Scio, iadis Chios.
Nicaria.
Samos.
Niscia.
Stempalia.
Et Scarpento.

CHIPRE. Est vne grande Isle à l'extremité de la mer Mediterranée : les villes principales sont, *Nicosie, Famagouste, & Stalimene.*

DE L'ASIE.

L'ASIE est enuiron-
née dela mer Oceane
au Septétrion, ayant à
l'Occidét le Pont Eu-
xin, la mer de Mar-
mora & l'Archipela-
gue qui la separent
d'auec l'Europe, & la
mer rouge qui la separe d'auec l'Affrique,
au Midy l'Ocean Arabique, le Goulphe de
Bengala , & les Mers de Sian & Cochinchine qui la separent d'auec la Terre Australe , & à l'Orient les Isles du
Iapon & le détroit d'Anian : elle est diuisée en neuf Prouinces,

NATOLLE, ou petite ASIE.

TVRCOMANIE, iadis ARMENIE,

ou MESOPOTAMIE.

SAVRIE, ou SIRIE.

ARABIE, ou AYAMAN.

MOSCOVIE, OU RVSSIE.

TARTARIE, OU SARMATIE.

PERSE.

LES INDES.

LA CHINE.

DE LA NATOLIE.

NATOLIE ou petite Asie est vne grande Prouince, enuironnée du Pont Euxin, de l'Archipelagie & de la mer Mediterranée, des costez du Septentrion, du Midy & de l'Occident, ayant le fleuue Euphrates à l'Orient qui la separe de la Turcomanie : Elle est diuisée en cinq parties,

AMASIE.

Iadis *Cappadoce*, & Empire de Trebizonde, les villes principales sont, *Amazia*, *Tocatoa*, *Sennas*, *Arsingan*, *Sentina*, *Trebizonde*, *Queularia*, *Queulezarta*, *Simuza*.

CHIENTAYA.

Iadis, *Pont*, *Bithinie*, *Galatie*, *Paphlagonie*: les villes principales sont, *Chientaya*, *Scutary*, iadis *Calcedoine*, *Pendarchy*, iadis *Herchiaponty*, *Nice*, auiourd'huy *Ienie*, *Boneche*, iadis *Prusia*, *Angoury*, iadis *Ancira*.

MAGNESIA.

Iadis *Asie propre*, elle contenoit les Prouinces de

Frigie.
Lidie.
Misie.
Æolie.
Ionie.
Dorie.

　　Carie.
　　Licie.
Et s'appellent auiourd'huy,
Sarcum, *Germian*, *Aldinisly*, *Mateschely*,
　Les villes principales sont, *Magnesie*,
prés laquelle sont les ruines de *Troye* la
grande, les deux chasteaux de *Seste*, &
Abide sur le détroit de la *Thrace*, puis
Girinacia, *Laudiguaz*, *Vlgandy*, *Ephese*,
Aldin sly, *Manteschy*, & *Patare*.

CARAMANIE.

Iadis *Cilicie* & *Pamphilie*, au long de la
mer, & au dedans du païs de *Pisidie*, *Ir-*
que, *Antogiane* *Licaonie*, & *Tiannie*:
les villes principales sont, *Setalia*, *Dra-*
gaty, *Querrio*, *Layazzo*, *Alexandrette*,
Antioche, *Caramante*, *Asilie*, *Bosue*, *Co-*
gniac, iadis *Ibofon*, *Larenda*, *Arimnico*.

ANADVLE.

Pegian, ou *Anadule*, iadis *Armenie* mi-
neure, les villes principales sont, *Mallasia*,
Marassa, *Therassia*, *Caspia*, & *Rascop*.

DE LA TVRCO-
MANIE.

TVRCOMANIE est vne grande Prouince, comprise entre le fleuue Tigris, ou Tegali, & Euphrate, ou Frate, des costez d'Orient, Midy, & Occident, ayant le Pont Euxin & la Moscouie au Septentrion ; elle est diuisée en quatre Prouince suiuantes.

GVRGISTAN. Où pays des *Georgieus*, situé prés la mer Caspie ou d'Hircanie : les villes principales sont, *Tiflie, Reuiuan, Quessaira, Derbelu, & Sabran.*

MINGRELYE. Iadis *Colcide*, embrasse la partie Oriétalle du

Pont Exin, les villes
principales sont, *Sen-*
tina, *Genes*, *Gore*, *Faso*,
la plus grand part
du païs n'est pas habi-
tee, à cause de la gran-
de quantité d'Esclaues
qu'on en tire.

CVRDISTAN. Iadis *Armenie*, & du depuis *Sentene*, *Gordie-*
ne, & *Adiabene*, les
villes principales sont,
Erzeron, *Caramie*, *Roa*,
ou *Rac*, *Orfa*, *Quena*,
Mausangia, puis les
anciennes villes, *Arta-*
xarta, *Telpid*, *Tigrano-*
certa, *Ctesiphonie*, *Ti-*
granoame.

DIARBEC. Iadis *Mésopotamie*, elle
porte le nom de sa si-
tuation : Ses villes
principales sont, *Ni-*
fibe, ou *Niniue*, *A-*
modis, *Merdin*, *Ge-*
bert, *Eliameu*, *Ame-*
zoul, *Caphie*, & *Si-*
phat, puis le païs des
anciens Chaldeens, la

ville capitale est Ba-
gadet, *Baldac*, ou
Bandas, iadis *Babillo-
ne*.

DE LA SIRIE.

SIRIE est vne grande
Prouince, ayant la mer
Mediterranée à l'Occi-
dent, au Septentrion le
fleuue Euphrates, & à
l'Orient & au Midy l'Ara-
bie: Elle est diuisée en
deux parties, *Sirie & Palestine*, le mont Liban en fait la separation.

SIRIE. Est vne grande Prouince, située entre le fleu-
ue Euphrates, & le
mont Liban, elle com-
prenoit iadis les Pro-
uinces de *Comagene, Auto-
guiane, Seleacie, Phenicie,
Damascene, Calcide, Cha-*

emens
libonride , Cerdicenne,
& Palmirenie , Tran-
conitide : Les villes pr̃.
font , *Alep*, iadis *A-*
paniée , *Soldine* ou *Se-*
leucie , *Ampa* , ou *Æ-*
meʒian , *Secaon* , iadis
Damas , *Tyr* , *seur* , *Si-*
don , ou *Sayde* , *An-*
tioche , *Barac* , & *Tri-*
poly de Sirie.

PALESTINE. Eſt vne grande Prouince , comptiſe entre le
mont Liban , l'Ara-
bie , & la mer Me-
diterranée : Elle eſt
arrouſée du fleuue
Iourdain, qui prenant
ſa ſource de deux
fontaines *Ior* , & *Dan*,
paſſe par le lac de
Samochantide , puis
coulant par le lac de
Geneſareth , finalement
ſe va perdre dans la
mer *Aſphaltide*, où fu-
rent abyſmées les vil-
les de Sodome & Go-

morre. Palestine est
diuisée en quatre par-
ties.

GALILEE.

Les villes principales sont, *Ptolomayde,*
ou *Acre, Cana, Tiberiade, Capharnaum,*
Bethzaide, Nazareth : icy est le mont Tabor, & le mont Carmel.

SAMARIE.

Samarie, ou *Sebaste, Cesarée de Palestine,*
Sichen, & Terso.

IVDE'E.

Hierusalem, Ierico, Betlehem, Emaüs,
Napolosa, Iapha, Ramata : icy est le mont
d'Oliuet, & le Torrent de Cedron.

IDVME'E

Iassa, Ascalon, Azot, Ebron, Carcataine,
Canat, & Cetcray.

DE LA MOSCOVIE.

LA Moscouie est vne grande Prouince, ayant la mer Oceane des costez du Septentrion, la borne d'Europe du costé d'Occident, qui la separe d'auec la Poulogne & la Scandie, du costé du Midy elle a le Pont Euxin, & la Turcomanie, & du costé d'Orient elle a le fleuue *Volga*, *& Oby*, *& Irseéra*, qui la separent d'auec la Tartarie : Elle est diuisée en deux Prouinces, *Russie* habitée, & *Russie* deserte, le fleuue *Tanaës* en fait la separation : Elle est arrousée de deux fameuses riuieres d'*Vvina* Septentrionale, & d'*Vvina* Occidentale, & de *Boristhene*, ou de *Neper*, *Tanis*, *Odon*, *Oca*, *Moscina*.

La *Russie* habitée a seize Prouinces suiuantes, desquelles six sont Conterminalles, & les dix autres Mediterranées,

D'VVINA. Villes pr. | Sainct Nicolas, Sainct Michel toutes deux situées sur la mer blanche, puis *Pinega, Vstin-gua, & Caüga.*

NOVOGROD la grande. | Les villes principales sont, *Nouogrod, La Doga,* toutes deux situées sur vne riuiere du mesme nom puis *Quinea, Insauogrod,* en la Principauté de *Chely.*

SMOLENSKI. | La ville capitale est *Smolenski,* puis il y a *Drogesen, Drabns, Ve-liquiligny, & Viaf-seva.*

SEVERIE, ou SOMISQVI. | Les villes principales sont, *Nouogrodess, Po-tiuelo, Serrarodele, & Biounena.*

CREMION, ou TARTARIE PRÆCOPENSE. | Iadis *Chersonese Tau-rique,* est vne presqu'Isle dans le Pont Euxin, non gueres loing des *Palus Meotides:* les villes principales sont, *Cre-*

Elemens

...nion, Præcops, Capha,
Baccaſſarencan, Pagro-
pela, Colonie, & Moſ-
copia.

CASAN.
Villes pr.

Caſan, Vitra, Cotolinia,
& Celoboda, & les fo-
reſts de Queſerinie, &
Mordua.

PROVINCES
Mediterranées.

VOLOEDA.
Villes pr.

Voleoda, Biélegregare,
Toetina, & Vſege-
ſia.

ROSTOVIE.

Roſtinie, Galetz, Clope-
grode, & Molöga.

AVGEROSEL-
LAMY.

Gercaſelaf, Porcaſelaf,
Vglisſe, & Plesſa.

SVSDALY.

Suſdaly, Cheſſealoua, Brou-
tensko.

TIMERIA.

Trier, Leropeſio, la Prin-
cipauté de Biela, &
celle de Reſof.

VELODIME-RIA.	*Velodimeria, Caßiena, & Muren.*
MOSCO,	*Masco*, ville capitale de Moscouie.
NOVOGROD la petite.	*Nouogrod , Basilegrod, Sabestard.*
RESSAN.	*Ressan , Tulla , Colluga.*
VOROTIN.	*Vorotin , & Meßesener.*

La *Rußie* deserte est ainsi appellée , à cause qu'il n'y a ny ville ny chasteaux: elle est comprise au lõg de la mer Oceane & du fleuue *Oby.* Le peuple habite dans les Forests, & paye tribut, au grand Duc de Moscouie , les principales habitations sont les Royaumes de *Perinia, Sibier, Condora, Obdora, Selotobabe, Petzora & Cheugra.*

DE L'ARABIE.

L'ARABIE est vne grande Prouince, enuironnée de mer du Midy, Orient & Occident, & du Septentrion elle touche vne partie de la Sirie, & vne partie du fleuue Euphrates : elle est diuisée en trois Prouinces suiuantes.

Arabie Deserte.
Arabie Pierreuse.
Arabie Heureuse.

ARABIE DESERTE. Est ainsi Appellée, d'autant qu'il n'y a ny villes ny chasteaux, si ce n'est au long de l'Euphrate, & du Sein Persique : là où sont les villes de *Esechia, Musadaly, Alicosa,* ou *Cusa,* constat & *Larimon,* prés l'Isle de *Baherin.*

ARABIE.

A R A B I E
PIERREVSE. Est ainsi appellée à cause de la grande quan-
tité de montagnes qui
y sont, ou bien à cau-
se de l'ancienne ville
de *Petra*, capitale de
tout le païs : les villes
principales sont, *Aden,*
Medaue & Bossre, Fa-
ragou, & Tersicabo.

A R A B I E
HEVREVSE. Ou *Ayaman*, est diuisée
selon les trois costes
de la mer.

La Coste Occidentalle embrasse la Coste de la mer depuis la Coste d'Enfer iufques au détroit de *Bebelmandel.* Les villes principales sont *Mecha*, fameuse à
cause de la sepulture de Mahomet, *Me-*
dina-Tanalby, fameuse à cause de la naif-
sance de Mahomet, puis *Massa Chemity,*
Magora, Chibitudena.

Coste Meridionale : Les villes principales sont, *Sana*, ou *Sabo, Faltadé*, *Cu-*
belament, Alibinali, Materca.

Coste orientalle, *Ormus, Souart, Ma-*
fa, Marimata, & Lima.

E

DE LA PERSE.

Ovz le nom de Perse, nous entendons le grand Empire du Sophy : C'est vne tres-grande Prouince, enuironnée de la mer Caspie, & du fleuue Habia du Septentrion, ayant le fleuue Tigre, ou Tigil, qui la separe d'auec la Turcomanie, la mer Oceane & la mer de Perse au Midy, & du costé d'Orient le fleuue Indus qui la separe d'auec les Indes.

Elle est diuisée en six parties.

Aderbayon.
Ierascageny.
Corozan.
Parque, ou Farsy.
Carmon.
Guzarat.

ADERBAYON.

Contient deux des Prouinces anciennes, *Medie*, auiourd'huy *Seruan*, & *Asirie*, auiourd'huy *Curestan*, & *Sargue* : les villes principalles, sont, *Tauris*, *Ardeuil*, *Vauues*, *Salinas*, *Siruan*, *Bachu*, qui donne le nom à la mer de *Bachu*, ou *Caspie*, *Sumachia*, & *Eues*.

VARACAGENY.

Contient deux Prouinces anciennes, *Hircanie*, auiourd'huy *Diargument*, & *Partie*, auiourd'huy *Iex* : les villes principales sont, *Hispahan*, *Requechau*, *Cassaunin*, ou *Cassebin*, *Vltanis*, *Diargument*, *Gillant*, *Guellon*, *Setraua*, ou *Setarabat*, *Mesaudaran*.

COROZAN.

Contient quatre anciennes Prouinces, *Bactriane*, auiourd'huy *Iselbas*, *Margiane*, auiourd'huy *Istigia*, *Arie*, auiourd'huy *Corozan*, *Parropamizene*, auiourd'huy *Caudabart* & *Sablestant* : les villes principales sont, *Hery*, *Mercade*, *Ner-*

nau , Iudin , Caudahart , Nagdachezar,
Baldaglar , Calguistan , Tarbastant , Iossuect,
& Balgue.

PARQVE, ou FARCY.

Iadis *Perse*, elle contient les Prouinces
anciennes de *Susiane* , & de Perse. La *Su-*
ziane s'apelle auiourd'huy *Cusistã*, les villes principales sont, *Cirasse* , *Larefirusbar*,
Saura , *Camata* , *Angonna* , & *Nasso*.

CARMON, ou CHERVIN.

Contient deux des Prouinces anciennes,
Caramanie , & *Draguiane* , mais la *Dra-*
guiane s'appelle auiourd'huy *Cigistan* , les
villes principales sont , *Ormus* : mais la
plus part de ce Royaume est en Arabie,
Gaudel , *Callara* , *Callemar*, & *Dulciuda.*

GVZARATE.

Contient deux des Prouinces anciennes,
Gedrosie , & *Arracosie*, qui sont les quatre
Royaumes de *Cambaya* , *Macram* , *Ca-*
ran , *Cabul* : les villes principales sont,
Cambaya , *Diu* , *Manchesaba* , *Campanel*,

Mairan, Corean, Cabul, Quesmare, Bassia-
nue, & Soslant.

DE LA TARTARIE.

A Tartarie est vne
grande Prouince, en-
uironnée de la mer,
des costez du Septé-
trion ayant le fleuue
Oby à l'Occident,
qui la separe d'auec
la Moscouie, la mer
Caspie & le fleuue Habia, du costé du Midy qui la separe d'auec la Perse : & du
costé d'Orient elle touche au grand Royaume de la Chine.

Ce nom de Tartarie n'est point tant vn
nom de Prouince qu'vn nom de Reli-
gion, ainsi que Chrestienté entre nous, &
ne faut pas penser qu'elle appartienne à
vn seul Monarque, que quelques vns appellent Grand Cham de Tattarie : toutes
ces Prouinces ne nous sont pas bien connuës faute de frequentation auec ces peuples, ce que nous connoissons est diuisé
en quatre parties.

TARTARIE DESERTE.

Elle est ainsi appellée, à cause qu'il n'y a ny villes ny chasteaux, située au long du fleuue *Oby*, & de la mer Oceane : c'est icy où sont les *Hordes*, ou Communautez ; le mot *Hordes*, en langue Tartare, signifiant assemblées, entre lesquelles la *Horde Faurcha*, qui estoit vne Communauté, estoit iadis la principale, & commandoit aux *Hordes de Cußian*. Et *Sibier* en Moscouie, puis aux *Hordes* des *Cosague*, *Sibausquy*, *Fumen*, *Bulgart*, & *Iron*, les Moscouites en ont conquis vne partie, & le reste est subiect au Grand Cham.

TARTARIE NAGAISQVY.

Elle est située le long du fleuue *Volga*, & de la mer Caspie, les villes principales sont, *Astracut*, *Securalquesti*, *Tiuore*, *Rißan*, *Dauaßie*, & *Sala*, qui donne le nom à la mer de *Sala*, ou mer Caspie.

TARTARIE ZIGATAISQVY.

Est située entre les deux Isles de *Gerbia*, & *Iaxertes*, ou *Biquessie*, que les Persans appellent, *Egeon*, les villes sont, *Samarcan*, *Mora*, *Motalgala*, *Becara*, *Vergut*, *Drauiuet*, *Yarcan*, *Teruieure*, *Carroquasse*, les Perses appellent cette Prouince, *Mondinbahart*, & y constituent les deux Royaumes, *Dusset & Turquestan*.

TARTARIE CATASISQVY,

ou FABVLEVSE.

C'est celle qui a esté descrite par Marc Paul Venitien, en laquelle il constituë tant de Royaumes : les principaux sont, *Caraquitayon*, *Questaire*, *Costaut*, *Ciarrum*, *Camul*, *Iambalu*, *Bargut*, *Teuden*, *Gonnatathe*.

E iiij

DES INDES.

Es Indes font vne grande Prouince, ayant la mer Oceane au Midy, la Perfe à l'Occident, la Chine à l'Orient, & vne partie de la Tartarie au Septentrion, elle eft diuifée en trois parties : la pointe Orientale, la pointe Occidentale, & le païs du milieu qui eft la grande Prouince des *Mogores.*

La pointe Occidentale eft enuironnée de deux coftes marines, du *Malabar*, & de *Coromandel*, & eft diuifée en quatre parties fuiuantes.

DECAN.

Villes pr. *Chaul*, *Surate*, *Dabul*, *Viffépapou*, & *God.*

CAMARECOVCAN.

V. Pr. *Onor*, *Bate calor*, & *Mangalor.*

MALABAR.

Villes pr. *Calicut, Cochin, Coulan, Gran-*
ganor, Cananor.

NARSINGVE.

Narsingue, Bisnagar , Maltapur, Coromandel,
& Opagode.

Pointe Orientale est comprise entre les
costes de *Pegu, Malaca, & Patane ,* & est diuisée en quatres parties.

PEGV.

Villes pr. *Pegu, Aracan , Martabane.*

MALACA.

Villes pr. *Malaca, Ioran , Patane.*

SIAN.

Villes pr. *Sian, Campa , & Camboia.*

COCHINCHINE.

Cochinchine , Visopari , Charqui.

Quant au païs du milieu, qui est la grande Prouince des *Mogores*, qu'on appelle vulguairement *Indoſtan*, en laquelle ſont les fameuſes riuieres de

    Cabiria.
    Goenga.
    Goga.
    Menan.

§ Et autres, deſquelles on ne ſçait laquelle eſt le *Gange.*

Elle eſt diuiſée en pluſieurs Royaumes, deſquels les principaux ſont.

D E L L Y. Villes pt.	*Palla* , *Mallaria* , & *Delly.*
O R I X. V. P.	*Maſulipatan* , *Manicapatan.*
B E N G A L A.	*Bengala* , *Biaucapart* , & *Catiga*, ville Metroppolitaine de *Bengala.*
V E R M A.	*Verma* , *Meliebera* , *Lamporin.*
A V A.	*Aua*, les autres ſont inconnuës.
S A N G A.	*Sanga* , *Manga* , *Raſcoltan.*
B A C O L A.	*Bacola.*
G V R O S.	*Guros*, & *Aracan.*

DE LA CHINE.

L A Chine est vne grande Prouince, ayant la mer Oceane à l'Orient & au Midy ; la Tartarie & les Indes au Septentrion ; & à l'Occident : elle est diuisée en quinze Prouinces.

Cantan.
Fochian.
Nanquin.
Santan.
Quiquean.
Quinsy.
Oriaho.
Ionan.
Caussj Superieure.
Foucheban.
Caussj inferieure.
Suiman.
Sancij.
Xianxij.
Chequiam.

Les villes principales font , *Paquin,*
Nanquin , villes Royales : puis, *Cantan,*
Anifers , *Necao* , *& Quinfay.*

<hr>

DE L'AFFRIQVE.

FFRIQVE eſt la troi-
ſiéſme Partie du Mon-
de, enuironnée de la
mer tout à l'entour,
hors mis au Détroit de
Sues : elle a la mer Mediterranée au Septentrion, qui la ſepare
d'auec l'Europe ; la mer Oceane à l'Occident & au Midy , & la mer Rouge à
l'Orient.

Elle eſt arrouſée de deux fameuſes ri-
uieres , le *Nil* , & le *Senega* : le *Nil*, ou *Ni-*
ger prenant ſa ſource des monts de la *Lu-*
ne, paſſé par le lac *Zambré*, & apres auoir
trauerſé l'Ethiopie , & l'Egypte , ſe def-
charge dans la mer Mediterranée : le *Se-*
nega prenant ſa ſource d'vn lac de meſme nom, paſſé à trauers de la Guinée , &c

se descharge dans la mer Oceane , non
gueres loin du Cap Vert.

L'Affrique est diuisée en sept Parties.

BARBARIE : iadis MAVRI-
TANIE.

BILDVLGERID , iadis NVMI-
DIE.

SARA, iadis LIBIE deserte.

GVINEE , iadis pays des GARA-
MANTES.

ZAYDE , iadis EGYPTE.

ETHIOPIE Superieure , ou pays
des ABYSSINS.

ETHIOPIE Inferieure, ou ZEN-
ZIBAR.

DE LA BARBARIE.

ARBARIE est vne grande Prouince, embraſſant la coſte de la mer Oceane depuis *Montes Claros*, ou *Atlas*, iuſques au Détroit de Gibraltar & de la mer Mediterranee, iuſques à l'emboucheure du fleuue *Maſſurata*, elle eſt diuiſée en quatre Royaumes.

MAROCO. Villes pr. *Maroco, Tarodente, Azafrie, Azamor, Elgulues, Alineduan, Culiatilmundin*, & autres peuples Arabes qui demeurent aux Montagnes.

FESSA, ou FEZ. V. P. *Septie*, ou *Ceure*, *Tanger*, ou *Tingra*, *Larache*, ou *L'Arche*,

Arsille, Tessefille, Al-
masor, Cassaleicabir, Sala,
Tagia, Dubeda, & autres,
des peuples Arabes, qui
demeurent aux monta-
gnes.

TELESIN.   Tremizen, Alger, Oran,
Pequon, & Vellez, Mes-
sagren, Mutaghen, He-
risolle.

TVNES.   Tunis, Cartage, Portofu-
rino, Biserte, ou Bensart,
Ipponu, Matiuen, To-
gira, Africa, Chugia,
Constantina, Tripoly de
Barbarie, & Mosseres.

DE BILLEDVLGERID.

BILLEDVLGERID, iadis *Numidie*, est vne grãde Prouince, comprise au dedans du Mont Atlas, mais qui n'est pas habitée par tout, c'est vn pauure païs, n'y ayant aucunes villes qui portent tiltre de Royaume. Il y a enuiron huict Territoires habitez, qui portent le nom de leurs villes capitales, sçauoir,

Billedulgerid.
Tegararin.
Maçara.
Mosabe.
Tassabit.
Dara.
Segelussessa.
Fissen.

DE SARA.

ARA, iadis *Libie deserte*, est enuironnée de la Guinée des costez du Midy, Orient, & Occident, ayant le Mont Atlas & la Numidie au Septentrion: au milieu de ces grandes sablonnieres, se trouuent cinq principales habitations, sçauoir,

Zanagoua.
Zenfiga.
Terga.
Lempta.
Et *Berdoa.*

DE LA GVINEE.

L A G V I N E E est vne grande Prouince, enuironnée des costez d'Occident & de Midy de la mer Oceane, ayant la Libie deserte au Septentrion, & le Nil à l'Orient : elle est arrousée du fleuue Senega, ou Niger, qui la diuise en deux, Septentrionale & Meridionale.

Guinée Septentrionale contient les quatorze Royaumes suiuans, qui portent tous le nom de leurs villes capitales, qui sont.

Galata.
Fuly.
Genehoa.
Tomboto.
Agades.
Cano.
Cassena.
Guengata.

Borne.
Nubia.
Goren.
Ambia.
Cantinia.
Vasqué.

Guinée Méridionale, est comprise entre le fleuue Niger & la mer Oceane, elle contient 14. Royaumes, portans tous les noms de leurs villes capitales, & sont.

Senega.
Gambra.
Molli.
Bitonin.
Guber.
Guinée.
Guitz.
Malaguet.
Madinga.
Zegueresque.
Benin.
Senfart.
Biafart
La Midia.

DE L'EGYPTE.

GYPTE est vne grande Prouince, comprise entre la mer Mediterranée, & le Tropique de Cancer, ayant la mer Rouge à l'Orient, & le fleuue Nil à l'Occident : Elle est diuisée en cinq Prouinces suiuantes.

DELTA. Villes pr.	*Alexandrie, Damiette, Pelouse, ou Tenese, Rizette, ou Rosque, Fona, Michale, Tembisti.*
EGYPTE ORIENTALE.	*Le grand Caire :* Icy estoient iadis les villes de *Memphis, Barcinoé, Bubaste Babyone, Heliopolis.*

TEBAÏDE , ou EGYPTE Occidentale.	Icy font les Pyramides d'Egypte : Icy eftoiét iadis *Diofpolis*, & *Thebes* là grande:Icy eftoient les deferts où demeuroient les anciens Hermites.
TROGLODITE.	Eft fituée au long de la mer Rouge : fes villes principales font, *Sien*, *Azizar*, *Sitguan*, & *Groudil*.
CIRENAÏQVE,	Iadis *Pantapolis*, à caufe cinq villes, *Cirene*, *Arfinoé*, *Berenice*, *Apolonia*, *Etptolemnia*, & auiourd'huy s'appelle *Barca* deferte, & *Marmarica*, region où eftoit le Temple de Iupiter Aminon.

DE L'ETHIOPIE, *superieure.*

THIOPIE superieure, ou pays des Abyssins, est comprise entre la ligne Equinoctiale, & le Tropique de Cancer, ayant la mer Rouge à l'Orient, & le fleuue Nil à l'Occident, elle est diuisée en six Prouinces suiuantes.

BELOPA.	*Suran , Siba , Masuian,*
Villes pr.	*Narpatan.*

BARNAGASSO.	*Causila , Dasila , Bacan,* & l'Isle *Guerquer,* iadis appellée Me-*roé*

BAGAMEDRA.	*Ambadaura, Asuca, Asel, Amara.*

TIOREMAON.	*Caſſumo, Dangallis, Dau-bas, Augot, Fatiquart, Olabie.*
AMARA. AYAVAN.	*Amara, Fungy, & Bar-ſéna.*
	Adel, Barbaura, Dou-ra, Madagozo, Braua, Paté, Lammon : Tou-tes ces villes & Pro-uinces appartiennent partie au Turc, partie au Preſte-Iean, & par-tie aux Sarrazins: mais les Eſpagnols ont oc-cupé la plus grande partie de ce qui eſtoit aux ſuſdits Sarrazins.

DE L'ETHIOPIE
Inferieure.

E THIOPIE inferieure, ou *Zenzibar* & pointe d'Affrique, est comprise entre la mer Oceane & la ligne Equinoctialle, & est diuisée en cinq Parties suiuantes.

CONGO. V. P.

S. *Saluator*, *Bathe*, *Corimba*, *Pambn*, & *Corenda*, Isle.

ANGOLA.

Cabassa, ou *Canessa*.

PAYS DES CAFATES.

Ce pays est compris entre les lacs *Za-flan* & *Zembré* : les Villes Pr. sont *Cafat*, *Zet*, & *Gaui*.

COSTE

COSTE DES SAFFRES,

ou CAFFRES

Ce païs est desert, & remply de Sauuages.

COSTE DE ZENZIBAR.

Cette Coste embrasse toute la Costé
de la mer, depuis le Cap de bonne, Esperance iusques à la ligne Equinoctiale :
elle contient six Royaumes.

Monomotapa.
Sophola.
Quiloa.
Mozambique.
Monbaze.
Et Mellinde.

Portans tous les noms de leurs villes
capitales.

F

LES ISLES DE l'Affrique.

LE s Isles de l'Affrique sont,
 Les Açores.
 Les Canaries.
 Les Isles du Cap Vert.
 L'Isle du Prince.
 L'Isle de S. Thomas.
 L'Isle d'Annobon.
 l'Ascension.
 Saincte Helene.
 Les Isles de Martin Vvas, & de Tristan Kunka.
 L'Isle de Madagascar, ou de S. Laurens.

AÇORES, ou AVTOVRS.

Sont sept Isles en la mer du Nort, sçavoir,
 Tercera.
 S. Georges.

Pico.
Fabial.
Gratiofa.
Saincte Marie.
Et S. Michel.

Sur laquelle paſſe le Meridien, ſur lequel on conte les longitudes ; auſquelles l'on adiouſte les deux Iſles *de los Coruos, & de flores.* L'Iſle capitale de toutes eſt *Tercera*, du nom de laquelle l'on appelle ainſi toutes les autres : ſa ville capitale eſt *Angra*, en laquelle reſide l'Eueſque, & le Gouuerneur de toutes ces Iſles.

CANARIES.

Sont ſept Iſles en la mer du Nort.

Gomera.
Ferro.
Forteuentura.
Lancerota.
La grande Canarie.
Palma.
Et Teneriffe.

Auſquelles l'on adiouſte les deux Iſles de *Porto ſanto*, & *Madera.* La grande Cana-

rie est la principale, & qui baille le nom à
toutes les autres. La ville capitale est *A-
ligoüa*, en laquelle reside l'Euesque & le
Gouuerneur de toutes ces Isles. En la ville de *Madera* reside le Primat des Indes,
ou à *Funcialles*.

ISLES DV CAP VERT, ou

HESPERIDES,

Sont huit Isles en la mer du Nort, non
gueres loin du Cap Vert, & sont,

> *S. Iacques.*
> *S. Anthoine.*
> *Sainte Luce.*
> *S. Vincent.*
> *Blancomayo.*
> *L'Isle du Sel.*
> *L'Isle du Feu.*
> *Bueua vista.*

La capitale de toutes est *S. Iacques*, en
laquelle reside l'Euesque & le Gouuerneur de toutes ces Isles.

FERDINAND POO.

Sont *les Isles du Prince*, ainsi appellées, d'autant que le reuenu du Prince de Portugal estoit assiné sur cette Isle : puis l'Isle *S. Thomas*, située souz la ligne Equinoctiale, & l'Isle *d'Annobon* : L'Euesque & Gouuerneur de toute ces Isles demeure à *S. Thomas*.

ISLES DE MARTIN VVAS.

ET DE TRISTAN KVNKA.

Sont desertertes, portans le nom de ceux qui les ont descouuertes.

ISLES DE L'ASCENSION.

En la mer Ethiopique, comme aussi l'Isle *saincte Helene*, que l'on appelle communément *l'Hostellerie de la mer*. En cette Isle il y a vn bon port, & vne Chapelle de *S. Helene*, prés laquelle est la fontaine tant renommée, de laquelle l'eau ne se gaste iamais.

Et les Maldiues , qui sont situées vis à
vis du Cap de Comorin à 60. lieuës de
terre ferme ; ont d'estenduë 140. lieuës.
On tient qu'elles sont en nombre 11100.
mais cela est incertain.

DE L'AMERIQVE.

AMERIQVE est la quatriesme
Partie du Monde , enuironnée
de la mer Oceane de tous costez:
elle est diuisée en Amerique Septentrionale , & Amerique Meridionale : le
Détroit de *Panama* , ou de *Nombre de Dios*
en font la separation.

DE L'AMERIQVE
Septentrionale.

L'AMETIQVE Septentrionale est celle qui est comprise de la mer Oceane du costé du Septentrion. Elle est diuisée en six Parties.

TERRE SEPTENTRIONALE, ou INCONNVE.

CANADA.

NOVVELLE ESPAGNE.

CALIFORNIE.

ISLES DE BARLONENT.

NOVVELLE GRENADE.

Les terres Septentrionales inconnuës sont situées en la partie la plus Septentrionale de l'Amerique; ce païs est appellé *Tierra de Labrador*, *Terre Corte-realle*

F iiij

& *Terre d'Eſtotilland* : icy eſt le Détroit de
Iean d'Auis, & de Martin Forbiſcher.
Leurs villes principales ſont,

> *Sainte Marie.*
> *Cabo.*
> *Marzo.*
> *Et Preſt.*

DE LA NOVVELLE

FRANCE.

O v z ce nom de nouuelle
France nous comprenons
tous les païs où les François,
ou Anglois ont iadis enuoyé
des Colonies, & en cette fa-
çon la nouuelle France embraſſe toute la
coſte de la mer depuis l'emboucheure de
la grande riuiere de *Canada*, iuſques à
l'emboucheure de *Rio eſcondido*.

Le dedans du pays eſt inconnu : mais
ce qui eſt connu eſt diuiſé en quatre Prouinces ſuiuantes.

CANADA. Est situé tant deçà que delà la grande riuiere du *Canada* : elle est habitée par les peuples *Canadiens*, *Armouchicois* , *Etechemins*, *Algomucchiens*, *Isouricois*, & autres.

Les principales habitations sont, *Tadoura*, *Quebec*, *Sainte Croix*, *Port-Royal* : les villes principales sont, *Campseaux*, l'*Isle du Sable*, *Assomption* , ou *Anticoste*, l'*Isle de Bacheu*, ou *Orleans*, les riuieres sont, *Saguenay*, *Norembergue*, & *Canada*.

VIRGINIE, autrefois APALCHEM. Cette Prouince embrasse la coste de la mer depuis le *Sinus Quesipoo*, iusques au Cap *S. Romain* : les villes principales sont, *Pomoiooc*, *Secotan*, *Quesipooc*, toutes basties par les Anglois : Le

E v

peuple de ce païs est sauuage, & habite soubz des cabanes de paille.

IACCASV, ou FLORIDE, pource qu'elle fut descouuerte vn iour de Pasques fleuries par les Portugais.

Embrasse la Coste de la mer depuis le Cap S. *Romain*, iusques à l'emboucheure du *Rio escondido*, les François y ont mené deux Colonies, toutes deux appellées *Charle-fort*, l'vne bastie au *Port-Royal*, & l'autre à l'emboucheure de fleuue *Mein*.

ISLE DE TERRE.

Sont deux Isles situées à l'emboucheure de la riuiere de *Canada*, la plus grande se nomme *Bacalaos* là plus petite *Acadie*, fameuse à cause des bancs proche de là où l'on pesche la moluë.

DE LA NOVVELLE
ESPAGNE.

Ovvelle Espagne est vne grande Prouince comprise entre les deux mers Septentrionale & Meridionale au Midy, Orient & Occident, ayant le Tropique de Cancer au Septentrion. Elles est diuisée en trois Prouinces.

Verragva. Est situèe au Détroit de Darien, autrement dit *Panama*, ou *Nombre de Dios* : Les villes principales sont, *Serobarot*, *Natan*, *Panama*, *Nombre de Dios*, & *Rio*, *Chagré*.

F vj

NICARAGVA. Embraſſe la Coſte de mer Meridionale, depuis le lac de *Nicaragua*, iuſques à *Gatimala* : Les villes principales ſont, *Nicaragua*, *Segouia*, *Chers*, *Leon*.

FONDVRA. Embraſſe la Coſte de la mer Septentrionale, depuis le Lac de *Nicaragua*, iuſques à *Chitimala* : La ville capitale eſt *Turchilo*, les autres ſont, *San Pedro*, *Cheremal*, & *Carthage*.

DE LA NOVVELLE.

GRENADE.

VLVACANA, ou nouuelle Grenade, est située au Septentrion de la nouuelle Espagne, au long du Tropique de Cancer, & de la mer Vermeille : elle comprend les Prouinces de *Ceuola*, & des villes de *Perlatan*, Homespestelant, toutes lesque les sont inconnuës.

❧❧❧❧❧❧❧❧❧❧❧❧❧❧❧❧

DE LA CALIFORNIE.

CALIFORNIE est vne grande Prouince, souz laquelle nous comprenons tout le reste des terres iusques au Cap de *Mendocine* : en icelle sont les Royaumes de *California*, *Quiuira Tolm*, *Tanteac*, *Aquan*, les Espagnols y marquent trois villes, *Quiuira*, *Siquicot*, *Tigues*, le reste est inconnu.

DES ISLES BARLONENT.

LE s Isles de *Barlonent*, sont,

Aity, Espagnole, ou *Isabelle*.
Cuba,
Iamaica.
Boriquen,
& la *Marguerite*, ou isle des Perles.

AITY, ou
ISABELLE   Est vne grande Isle non
guere loin de la Coste
de la Castille de *l'Or:*
la ville capitales est
Santo Domingo , les
autres sont, *Puerto de
Plata* , *Isabelle* , *Port-
royal* , *Zagana* , *S. Iu-
lien* , *S. Christ.* Les
principales riuieres,
sont, *Orana* , *Guua* , &
Atribuith.

CVBA.   Et vne grande Isle à
l'Occident de l'Espa-
gnole : la ville capi-
tale est *Santiago* , les
autres sont , *Haua-
na* , *Camareo* , *Mau-
tocas.*

IAMAICA.   Est vne Isle proche de
Cuba , & Espagnole.
Les villes principales
sont , *Seuilla* , & *Ori-
stagna.*

DORIQVEN.   Ou *S. Iean du Port ri-
che* , le nom de sa ville
capitale.

VFAGA   Ou Isle *des Perles* , est
vne petite Isle non

gueres loin de la Co-
ste de Castille de *l'Or*,
C'est icy où se faisoit
la pesche des perles.

❧❧❧❧❧❧❧❧❧❧❧❧❧❧❧

DE L'AMERIQVE.
Meridionale.

MERIQVE Meridionale
est située en la partie Meridionale de l'Amerique
Septentrionale, entre le
Détroit de *Pamana*, & le
Détroit de *Magellan* : elle
est diuisée en sept Prouinces suiuantes,

CASTILLE DE L'OR.
CARIBANA.
SAINTE CROIX, ou BRESIL.
PLATA.
CHICA.
CHILI.
PERV.

DE LA CASTILLE

DE L'OR.

ASTILLE DE L'OR est vne grande Prouince, embraſſant la Coſte de la mer depuis le Détroit de *Panama*, iuſques aux Iſles de la *Trinité* : La ville capitale eſt *Santa Fé*, les autres ſont, *Popoya, Gogata, Cartagena, Seua, Zemba, Mariapara, Tarauriquy, Paria, Cumana, Sainte Marthe.*

CARIBANA.

CARIBANA estoit iadis la Prouince des anciens *Caribes*, & s'estendoit depuis le Détroit de *Panama*, iusques à l'embaucheure de fleuue *Maragnon* : mais les Espagnols en ont conquis vne partie, qu'ils ont appellée Castille de l'*Or*, & le reste retient le nom de *Caribana* ; elle est habitée par des Sauuages : En la partie Meridionale est le Royaume *del Dorado*, sur le lac *Parimé,* auquel la ville capitale est *Monaba.*

DE SAINCTE CROIX:
OV BRESIL.

BRESIL est vne grande Prouince, embrassant la coste de la mer depuis l'emboucheure du fleuue *Maragnon*, iusques au Cap *Frio*, & à l'emboucheure de *Rio de Genero* : au milieu de cette coste est le Cap *S. Augustin*: elle fut iadis appellée *Saincte Croix* par les Portugais, & depuis elle a esté appellée *Bresil*, à cause de l'abondance de ce bois qu'on y trouue. La ville capitale est *Fernambuco* en l'Isle de *Ramaraca* : les autres sont *Bassibaris* & *S. Esprit* : icy demeurent les *Taupinamboux*, & *Margaiatz*, & icy est le fort de *Coligny*, basty par le Cheualier de Villegagnon,

DE LA PLATA.

PLATA est vne gran-
de Prouince, située tant
deçà que delà le fleuue
Parane, que les Espagnols
nomment *Rio de la Plata.*
Les villes principales
sont *Paraguaté*, *Assum-*
ption, *S. Esprit*, *Port de Pates*, puis les Isles
de *Saincte Catherine*, & *S. Vincent*.

CHICA.

 HICA, ou pays des Geans, est vne grande Prouince, embrassant la coste de la mer depuis le *Rio de la Plata*, iusques au Détroit de *Magellan* ; ce pays est inconnu : C'est icy où le Roy d'Espagne a fait bastir la forteresse de *Phi-lipopolis*.

CHILY.

C HILY est vne grande Prouince, embrassant la coste de la mer depuis le détroit de *Magellan*, iusques au Cap *Fortune*. La ville capitale est *Sainct Iacques*, bastie sur *Rio Quintero*: le port s'appelle *Valpaisso* : icy demeure l'Euesque : les autres sont, *Arauca*, *Conception*, *Imperiale*, *Coquinbant*, & *Val-diuia*.

DV PERV.

LE PERV est vne grande Prouince, embrassant la coste de la mer depuis le Cap de *Fortune*, iusques au
Cap *Sainct François* : Elle est diuisée en
deux Prouinces suiuantes.

CVSCO. La ville capitale est Lima, ou *Ciudad de los
Reyes* : Les autres
sont, *Cusco*, *Arequi-
pa*, *Gamanga*, *Porto-
potossi*, *Culiac*, *Ca-
rias*, & le lac de *Ti-
tiraca*.

QVITO. Porte le nom de sa ville capitale : Les au-
tres sont, *Caxilinal-
ca*, *Turchilo*, *Tom-*

bes , & l'Isle de la Pu-
gna , à l'emboucheu-
re de la riuiere de
Gayaquiel.

Fin des Elemens de Geographie.

ELEMENS
D'ASTRONOMIE.

'ASTRONOMIE est la connoissance des nõs, nombre, situation, grandeur & vertu des Estoiles, & considere les diuers mouuemens & reuolutiõs des Corps Celestes. Les Estoiles sont, ou errantes comme les sept Planettes.

Superieures.	SATVRNE. IVPITER. MARS.
Inferieures.	VENVS. MERCVRE.
Les grands Luminaires.	LE SOLEIL. LA LVNE.

G

Ou fixes.

Les Estoiles fixes font d'vn nombre presqu'infiny : mais celles qui font connuës par les Astrologues, & qu'on appelle formées, font en nombre   1022, de fix grandeurs differentes.

Il y en a de la premiere grandeur   5.
de la feconde grandeur   45.
De la troifiefme grandeur   204.
De la quatriefme grandeur   474.
De la cinquiefme grandeur   217.
Et de la fixiefme.   49.
Et le refte de nebuleufes.
Toutes ces Estoiles compofent quarante-huict figures celeftes, qu'on appelle Conftellations.

LA CINOSVRE, ou petite OVRSE.

Premiere figure.

A d'Eftoiles   7.

LA GRANDE OVRSE.

2. Figure.

A d'Eftoiles   27.

LE DRAGON.

3. Figure.

A d'Estoiles 31.

CEPEE.

4. Figure.

A d'Estoiles 11.

BOOTES.

5. Figure.

A d'Estoiles 22.

LA COVRONNE D'ARIANE.

6. Figure.

A d'Estoiles 25.

HERCVLE.

7. Figure.

A d'Estoiles 28.

G ij

LA LYRE.

8. Figure.

A d'Estoiles   10.

LE CYGNE.

9. Figure.

A d'Estoiles   15.

CASSIOPÉE.

10. Figure.

A d'Estoiles   13.

PERSÉE.

11. Figure.

A d'Estoiles   26.

LE CHARTIER ERICTON.

12. Figure.

A d'Estoiles   17.

ÆSCVLAPE.

13. Figure.

A d'Estoiles   24.

LE SERPENT D'ÆSCVLAPE.

14. Figure.

A d'Estoiles   18.

LE DARD.

15. Figure.

A d'Estoiles   5.

L'AIGLE.

16. Figure.

A d'Estoiles   9.

LE DAVPHIN.

17. Figure.

A d'Estoiles.   10.

LE PETIT CHEVAL.

18. Figure.

A d'Estoiles nebuleuses   4

PEGAZE.

19. Figure.

A d'Estoiles   20

ANDROMEDE.

20. Figure.

A d'Estoiles   23

LE TRIANGLE.

29. Figure.

A d'Estoiles   4

Les douze Signes du Zodiaque.

Du Printemps. {
  LE MOVTON.
  22. Figure.
  A d'Estoiles   13.

  LE TAVREAV.
  23. Figure.
  A d'Estoiles   33.

  LES GEMEAVX.
  24. Figure.
  Ont d'Estoiles   18.

De l'Esté. {
  L'ESCREVICE.
  25. Figure.
  A d'Estoiles   9.

  LE LYON.
  26. Figure.
  A d'Estoiles   26.

  LA VIERGE.
  27. Figures
  A d'Estoiles   26.

G iiij

MERIDIONAVX.

De l'Automne.
> LA BALANCE
> 28. Figure.
> A d'Estoiles   8.
>
> LE SCORPION.
> 29 Figure.
> A d'Estoiles   21.
>
> LE SAGITAIRE.
> 30. Figure.
> A d'Estoiles   31.

De l'Hyuer.
> LE CAPRICORNE.
> 31. Figure.
> A d'Estoiles   28
>
> LE VERSEAV.
> 32. Figure.
> A d'Estoiles   22.
>
> LES POISSONS.
> 33 Figure.
> Ont d'Estoiles   34.

LA BALENCE

34. Figure.

A d'Estoiles   12.

ORION.

35. Figure.

A d'Eſtoiles   38.

LE FLEVVE ERIDAN.

36. Figure.

A d'Eſtoiles   34.

LE LIEVRE.

37. Figure.

A d'Eſtoiles   12.

LE GRAND CHIEN.

38. Figure.

A d'Eſtoiles   18.

LA CANICVLE, ou petit Chien,

39. Figure.

A d'Eſtoiles   2.

LE NAVIRE ARGO.

40. Figure.

L'HYDRE.

41. Figure.

LE VASE, ou COVPLE.

42. Figure.

LE CORBEAV.

43. Figure.

LE CENTAVRE.

44. Figure.

A d'Eſtoiles   37.

LE LOVP.

45. Figure.

A d'Eſtoiles   19.

L'AVTEL.

46. Figure.

A d'Eſtoiles   7.

LA COVRONNE AVSTRALE.

47. Figure.

A d'Eſtoiles   13.

LE POISSON,

AVSTRAL.

48. Figure.

A d'Estoiles

Les cinq Estoiles qui sont de la premiere grandeur, qui sont renommées.

1.

Au cœur du Lyon, & cette Estoile
s'appelle l'Estoile Royale.

2.

A l'Espy de la Vierge.

3.

A l'œil du Taureau.

4.

En la chaire de Cassiopée.

5.

Et en la poupe du nauire Argo.

Cette derniere Estoile se nomme Canope.

LES ASTRONOMES MO-
dernes ont remarqué quatorze figures nouuelles dans le Ciel, les noms de ces figures
sont,

Le Toucan.
La Gruë.
Le Phenix.
La Dorade.
Le Poisson volant.
L'Hydre Meridional.
Le Cameleon.
L'Auette.
L'oiseau de Paradis.
Le Triangle Meridional,
L'Indien.
La Croisette, que les Espagnols
appellent *El Cruzero*, & le Coq
d'Inde & la Colombe de Noé.

Mais, en l'ancienne Astronomie on ne compte
que 1022. Estoiles, dispensées ou contenuës
en 48. Images precedentes.

✻✻✻✻✻✻✻✻✻✻✻✻✻✻✻

ESTOILES FORMEES SE-
lon l'obseruation des Anciens, sont

$$
\text{Aux}\begin{cases}
\text{Douze Signes du Zodiaque} & 346. \\
\text{Partie Meridionale.} & 316. \\
\text{Sigue Septentrionale,} & 360.
\end{cases}
$$

Les Estoiles ont trois sortes de leuer &
coucher, selon les mouuemens du premier mobile, & du Soleil au Zodiaque.

HELIAQVE.

COSMIQVE.

ACRONIQVE.

HELIAQVE, est quand l'Estoile sort
auec le Soleil, & qu'elle est cachée par
ses rayons.

COSMIQVE, est quand l'Estoile

est leuée sur nostre Horison au Soleil
Leuant, & s'appelle leuer du matin,
& quand elle se conche souz l'Horizon
au leuer du Soleil, elle s'appelle coucher
du matin.

A C R O N I Q V E, est quand l'Estoile est
leuée sur l'Horizon, ou abaissée au Soleil couchant, cela s'appelle le leuer, ou
coucher du soir.

Par les mouuemens & reuolutions du
Soleil & de la Lune on a remarqué cer-
tains changemens & differences.

Des temps.
Des Années.
Des Saisons.
Des Mois
Des Semaines.
Des Iours.
Des Heures.
Des Minuttes, &c.

Le temps est la durée des choses, ou
l'espace qui est obseruée du mouuement
du Ciel, par lequel est mesurée l'agita-
tion: & le changement de tout ce qui est
mobile, il y en a trois differens.

LE PASSE', qui est le temps qui s'est escoulé.

LE PRESENT, qui est la fin du passé, & le commencement du futur.

LE FVTVR est le temps qui n'est pas encore, mais qui doit arriuer.

On trouue diuerses manieres d'années, chaque Planette à son année propre en laquelle elle accomplit son cours comme il a esté declaré cy-dessus dans le petit Traité de la Sphere.

Et la grande année qu'on appelle l'An du Monde, sera quand toutes les Planettes & Estoiles seront retournées ensemble au propre lieu où elles estoient au moment de leur creation.

Mais l'An du Soleil est le temps que le Soleil passe par les douze Signes du Zodiaque, dont il fait le tour par son propre mouuement du Couchant iusques à l'Orient.

Ce qui se fait en trois cens soixante cinq iours naturels, cinq heures, quarante-neuf minutes, & seize secondes.

L'An se diuise en quatre principales parties, qui sont,

Les Saisons. { LE PRINTEMPS.
 L'ESTÉ.
 L'AVTOMNE.
 L'HYVER.

Dont les changemens des quatre temps procedent.

Comme { Les Equinoxes { du Printemps. 21 Mars.
 de l'Automne. 23. Septembre.
 Les Solstices. { de l'Hyuer. 23. Decembre.
 de l'Esté. 21. Iuin.

Il y a trois sortes de mois. { Solaire,
 Lunaire.
 Vsuel, ou Commun.

Le mois qui est appellé S O L A I R E, est tandis que le Soleil sejourne en vn signe du Zodiaque.

Le mois L v N A I R E est lors que la Lune a parfait son cours par les douze signes du Zodiaque, ce qu'elle fait en vingt-neuf iours, &c.

Le mois V s v e l, ou Commun, tel qu'est celuy qu'on voit marqué dans nos Kalendriers ; il y en a douze, les noms desquels sont, Ianuier, Feurier, Mars, Auril, &c. dont il y en a sept, Ianuier Mars, May, Iuillet, Aoust, Octobre, & Decembre, qui ont trente & vn iour naturels, Auril Iuin, Septembre & Nouembre n'en ont que trente ; Feurier que vingt-huict, ou quelquefois vingt-neuf quand il est Bissexte, qui est ordinairement de quatre ans en quatre ans.

Les mois Communs contiennent quatre Semaines.

Et trois di-
stinctions
Romaines,
{ KALENDES , premiers
iours des mois.

NONES , le cinquiesme
des mois , horsmis en
Mars , May , Iuillet , &
Octobre , ausquels elles
sont le septiesme.

IDES, les treisiesmes iours
des mois.

Chaque semaine contient sept iours,
qui se rapportent aux sept Planettes.

C'est à sçauoir {
Lundy.
Mardy.
Mercredy.
Ieudy.
Vendredy.
Samedy.
Dimanche.

Aux iours, on remarque des differences & des parties.

Les iours sont {
ARTIFICIELS.
NATVRELS.

LE IOVR ARTIFICIEL, est l'espace du temps qui est entre le leuer & coucher du Soleil, diuisé en Matinée & Vesprée : c'est le temps que le Soleil demeure sur l'Horizon.

LE IOVR NATVREL, est vn iour & vne nuict artificielle; c'est le temps que le Soleil fait son cours de l'Orient en Occident, & d'Occident en Orient, passant par les Antipodes, qui est en vingt-quatre heures.

L'heure égale est la vingt-quatriesme partie du iour naturel.

L'heure inégale est la douziesme partie du temps qui est entre le Soleil Couchant & le Leuant, ou entre le Soleil Leuant & le Couchant.

Le iour Naturel se diuise encore en quatre quadrans.

Le quadran en six heures.

L'heure contient quatre points du Ciel:

Ainsi les vingt-quatre heures de l'E-quateur ont 360. degrez.

Le point a douze moments.

Vne minute d'heure a quinze minutes d'vn degré.

Le moment douze onces.

L'once quarante-sept atomes.

L'Atome est si petit qu'il ne peut estre diuisé.

DE L'AMITIÉ
des Planettes.

Iupiter est amy { Du Soleil. / De la Lune. / de Mercure. / de Venus, / & de Saturne.

Mars est amy de Venus.

Le Soleil est amy { de Iupiter, / & / de Venus.

Venus est amie { de Mars, & de toutes / les autres Planettes, / horsmis Saturne.

Mercure est amy { de Iupiter, / de Venus, / & de Saturne.

La Lune est amie { de Iupiter.
{ de Venus,
{ & de Saturne,

DE L'INIMITIE
des Planettes.

Iupiter est ennemy de Mars.

Mars est ennemy { du Soleil.
{ de Iupiter.
{ de Saturne.
{ de Mercure,
{ & de la Lune.

Le Soleil est ennemy { de Mars.
{ de Mercure,
{ & de la Lune,

Venus est ennemie de Saturne.

Mercure est ennemy { du Soleil.
{ de la Lune,
{ & de Mars,

La Lune est ennemie $\begin{cases} \text{de Mars.} \\ \& \\ \text{de Mercure.} \end{cases}$

Saturne est ennemy de tous.

QVELLES MALADIES
sont causes par l'influence.
des Planettes.

Saturne cause $\begin{cases} \text{Lepre.} \\ \text{Podagre.} \\ \text{Galle.} \\ \text{Paralisie.} \\ \text{Hydropisie.} \\ \text{Fiévre quarte.} \\ \text{Fluxion sur le poulmon.} \\ \text{Toux.} \end{cases}$

Iupiter cause $\begin{cases} \text{L'inflamation de foye.} \\ \text{Maux de teste.} \\ \text{Apoplexie.} \\ \text{Spasme.} \\ \text{Palpitation de cœur.} \end{cases}$

Fiévres

Mars cause les {
Fiévres aiguës.
Continuës.
Charbons.
Heresipelles.
Dissenterie.

Le Soleil cau-se les maux. {
Des yeux.
Debilité d'estomac.
Pasmoison.

Venus cause les maux. {
Qui portent son nom.
De mere.
Suffocations.
Flux immoderé.

Mercure cau-se les maux. {
Mal caduc.
Opilation du fiel &c.

La Lune cause {
La Paralisie,
Colique.
Hydropisie, &c.

Les sept Planettes ont puissance, & font paroistre leur vertu en plusieurs corps qui paroissent estre de leur operation, & tenir d'elles leurs qualitez; Par exemple, Satur-ne qui est froid, & sec, comme la terre est d'humeur melancolique, & preside entre

H

les parties du corps de l'homme sur la ra-
te, qui est le reseruoir de la melancolie, il
y a des animaux qui tiennent de son in-
fluence, comme le pourceau, le mulet, le
chameau, l'ours, &c. Entre les herbes, il
imprime ses qualitez sur la Serpentaire,
le Cumin, la Ruë, l'Elebore, la Mandra-
gore, le Pauot, les pierres qui tiennent
quelque chose de la vertu de cette Planette sont, le Marbre, le Iaspe, la Calamite,
la Cornaline. Son metail est le plomb.

Iupiter respond à l'air, & au Sang, gouuerne le poulmon & la teste : les animaux
qui tiennent de luy, sont le mouton, l'ele-
phant, l'aigle, les cailles, les poules. Entre
les simples ausquels il imprime sa vertu,
sont, la reglisse, l'enula, le massis, le mi-
rabolan, le lys, la violette, &c. Entre les
pierres, l'emeraude & le Saphir, son metail est l'estain.

Mars qui tient de la nature du feu est
colere, gouuerne le fiel, a pour animaux
le cheual, le loup, le taureau, le dragon, le
coq, &c. ses herbes sont l'euforbe, la raue,
la scamonée, l'ognon : Entre ses pierres,
l'ametiste, son metail est le fer.

Le Soleil a pour element, le feu : pour
complection, la colere gouuerne le cœur;

ſes animaux, ſont le lyon, le cocodrille, le veau-marin, le cygne, l'autour, le corbeau, l'eſpreuier, &c. ſes herbes ſont, la cheli-doine, le ſoucy, le ſafran, le canicularis, &c. ſes pierres ſont, l'eſcarboucle, la to-paſe, l'hiacinte, le ruby, &c. ſon metail eſt l'or.

Venus qui eſt phlegmatique, gouuer-ne l'eſpine du dos, les vertebres, cuiſſes, &c. ſes animaux ſont, la colombe, la tour-terelle, le moineau, la bergeronnette. En-tre les ſimples, la roſe luy eſt dediée, le myrthe, le laudanum, &c. ſes pierres ſont, le beril, l'acrioſolite, l'emeraude, l'onis; ſon metail eſt le cuiure.

Mercure qui eſt Androgine s'accom-mode auec tous les Elemens, gouuerne la langue, &c. ſes animaux ſont, le renard, le ſinge, le liévre, le chien, le chardonne-ret, le merle, le perroquet, la pie : ſes herbe ſont, la pimpernelle, le fume-ter-re, le perſil, la marjolaine, &c. ſes pier-res, le porphire, l'agate, la topaſe, l'opale; ſon metail eſt le vif argent.

La Lune qui reſpond à l'eau, eſt phleg-matique, gouuerne le cerueau; & la moel-le des os : ſes animaux ſont, le cameleon, la chevre, le heron, le butor, &c. ſes her-

bes, la paquerete, l'herbe lunaire, &c.
ſes pierre ſont, la perle, le criſtal ; ſon
metail eſt l'argent.

De toutes ces choſes, voicy vne Table
analogique pour plus grande facilité.